HEYNE
BÜCHER

Alte Bauernregeln

gesammelt von
Elisabeth von Cramer-Klett

*Wetter- und Bauernregeln,
oft seit Jahrhunderten überliefert,
enthalten meist erstaunliche Wahrheiten*

ORIGINALAUSGABE

WILHELM HEYNE VERLAG
MÜNCHEN

HEYNE RATGEBER
Nr. 08/4848

5. Auflage

Printed in Germany 1988
Holzschnitte (ganzseitig) von Hans Pape
aus dem Werk »Bäuerliches Jahrbüchlein«
von Emil Merker, Eugen Diederichs Verlag,
Jena, 1939
Umschlaggestaltung: Atelier Ingrid Schütz, München
Satz: Fotosatz Völkl, Germering
Druck und Verarbeitung: Ebner Ulm

ISBN 3-453-41483-7

Inhalt

Einleitung
7

Von Haus und Hof und allem, was sich dort tummelt
9

Das liebe Vieh
27

Vom Wein und anderen Himmelsgaben
45

Wie die Saat, so die Ernte
65

Von Wald und Flur und allerlei Getier
83

Scherzregeln
101

Wetterregeln rund ums Jahr
113

Einleitung

Ein weit verbreiteter und gern gebrauchter Satz des deutschsprachigen Wortschatzes lautet: »Das ist eine alte Bauernregel.«

Mit diesem, je nach Belieben als Vor- oder Nachsatz angewandten Hinweis soll die Wahrheit und Wichtigkeit des soeben Gesagten unterstrichen werden.

Damit soll natürlich nicht behauptet werden, daß alle Bauernregeln stimmen. Es gibt eine große Anzahl von Sprüchen und Regeln, die oft zu Recht als Firlefanz abgetan werden, zum Beispiel jene, die auf mittelalterlichem Aberglauben beruhen. Doch auch sie sind hier berücksichtigt, denn sie gehören dazu, auch wenn sie nicht ganz ernst zu nehmen sind und keinen Wert haben, außer daß sie einen möglicherweise historisch wertvollen Erfahrungsschatz darstellen.

Der Weise schöpft aus Erfahrung. Die Bauernregeln aus Erfahrungen ganzer Generationen, und viele erzählt schon das Alte Testament. Selbst die Babylonier, die Ägypter, die alten Griechen und Römer sprechen heute noch aus mancher Regel. Aber all das täuscht nicht darüber hinweg, daß der Bauer heute den Gezeiten der Industriegesellschaft unterliegt, daß die meisten zwar gebildeter und gescheiter, aber nicht mehr weise sind. Hätten sie sonst die Bäche begradigt, die Käfer und Falter vergiftet, die Fluren bereinigt, die Büsche gerodet, die Dörfer zerstört? Damit haben sie genau das zerstört, was ihnen zum Weisesein und zu Erfahrung verhalf.

Immer mehr, der Großstadt überdrüssige Bürger fliehen

vor Stress und Stau, Hektik und Kriminalität aufs Land. Rousseau sagte 1762 im »Contrat social« (Gesellschaftsvertrag): »Der Mensch ist frei geboren und doch überall in Fesseln.« Seine Maxime daraus: »Zurück zur Natur.« Heute sind wir wieder soweit.

Alte Bauernweisheit darf also nicht in Vergessenheit geraten. Ich selbst bin auf dem Land aufgewachsen, in Oberbayern. In einer Familie, die nun schon seit Generationen mit Land- und Forstwirtschaft, Natur und Jagd vertraut ist, und mit so manch alter Bauernregel bin ich aufgewachsen. Sie ist aus meinem Leben nicht mehr wegzudenken.

Hier liegt eine Sammlung vor, die weder den Anspruch auf Wissenschaftlichkeit noch Lückenlosigkeit erhebt. Und doch, der eine oder andere Spruch klingt fast wie eine Zauberformel, weil er heute noch zutrifft – oder besser – heute noch eintrifft, und wir, die schon fast der Natur Entwöhnten, freuen uns an der rauhen Poesie. Wir wenden diese oder jene Bauernregel in sehnsüchtigem Wunschdenken an, sitzen dann für einen kleinen Augenblick unter der Dorflinde und haben den Umtrieb der Tage mit einem kleinen Schmunzeln vergessen.

Von Haus und Hof und allem, was sich dort tummelt

Neben den Wetterregeln gibt es eine Vielfalt von Sprüchen und Redensarten, die sich mit dem bäuerlichen Leben und seinen Bräuchen im weitesten Sinn befassen. Um die vorliegende Sammlung möglichst übersichtlich zu gestalten, schien mir eine Ordnung nach den verschiedenen Lebens- und Arbeitsbereichen die sinnvollste zu sein.
Wenn auch einige dieser Bauernregeln nach außenhin lapidar erscheinen mögen, so steckt doch meist das berühmte Körnchen Wahrheit in ihnen, und jeder kann es sich herauspicken.

Viel Spaß dabei!

Seh' ich den Hof und auch den Mist,
so weiß ich gleich was an dir ist.

Wie der Herr
so's Gscherr.

Dat is keen Kunst, Buur to warrn,
Das ist keine Kunst, Bauer zu werden,
aver to blieven.
aber zu bleiben

(Schleswig-Holstein)

April und Weiberwill
ändern sich schnell und viel.

Den besten Hund in einem Wurf erkennst du,
wenn du die Jungen an einen anderen Ort trägst.
Derjenige, den die Hündin zuerst holt ist der beste.

Gut gefrühstückt spürt man den ganzen Tag,
gut geschlachtet, das ganze Jahr,
gut geheiratet, das ganze Leben.

Ein Steckenpferd frißt mehr als zehn Ackergäule.

Wo der Bauer nicht hinterdrein,
stellt ein Mißjahr sich öfter ein.

Fremdes Geld und heißes Eisen
mußt du stets weit von dir weisen.

Verschiebe nicht auf morgen,
was sich heute läßt besorgen.

Wer im Heuet nicht gabelt,
in der Ernte nicht zappelt,
im Herbst nicht früh aufsteht,
seh' zu, wie's ihm im Winter geht.

Besser schlichten
als richten.

Heirate über den Mist,
dann weißt du, wer sie ist.

Dr bescht Bauer ackret emol e kromme Furch.

(Schwaben)

Wer schreibt, der bleibt.

Im Maien salz mit Fleiß die frische Butter ein,
so wird sie zum Gebrauch gesund und edel sein.

So die hund das gras speyen
und die weyber über die flöch schreien
oder sy die zeehen jucken,
thut naß wetter zuher rucken!

(Deutschland, 1505)

Ist eine liebe Frau im Haus,
dann lacht die Freude zum Fenster heraus.

Gut vorbedacht,
schon halb gemacht.

Auch wenn man alt wird wie ’ne Kuh,
lernt man doch immer noch dazu.

Wie der Acker, so die Ruben,
wie der Vater, so die Buben.

Junge Frett’n,
geh zur Mett’n!
Alte Frett’n,
bleib dahoam!

(Bayern)

Prasseln die Späne,
blühen die Pläne.

Was weg ist, beißt nicht mehr.

A jeds Häfele findt sei Deckele.

(Allgäu)

Angeborene Weise
geht schwer aus ihrem Gleise.

Gebläht im Sommerwinde,
gebleicht auf grüner Au,
liegt still es nun im Spinde
zum Stolz der Bauersfrau.

Jag du die Arbeit, sonst jagt sie dich.

Zuviel Land unterm Pflug,
zuviel Kühe im Stall,
bringen den besten Bauern zu Fall.

Gut rinnt wie Blut.

Man soll sein Zeug nicht an *einen* Nagel hängen.

's Jahr ist aus
und insa ganzer Trost:
Mir kriagn a neie Bäuerin
und a andre Kost.

(Bayern)

Was jung sie spann,
hat alt sie an.

Sauerkraut soll man im Zeichen des Fisches einmachen,
dann wird es zart und mild.

Beispiele tun mehr
als viele Wort' und Lehr'.

Sammle Eier, wann der Mond abnimmt,
dann verderben sie nicht leichtlich.

(Schweiz, 1636)

Wenn die Katzen Gras fressen, gibt es Regen.

Es hat nicht jeder Abgrund ein Geländer.

Muaß nit grad a Gams
Und a Hirsch nit sei,
A Birsch auf a Dirndl
Is a so viel fei.

(Bayern)

Lust und Liebe zum Dinge
machen Mühe und Arbeit geringe.

Mach bei Neumond soviel Schleifen in einen Zwirnsfaden als du Warzen hast. Leg die Schleifen um die Warzen und zieh sie zum Knoten zusammen. Vergrab den Faden in der Erde, sowie er verfault ist, fallen auch die Warzen ab.

Ist's im August recht trocken und heiß,
so lacht der Bauer im vollen Schweiß.

Selbst der Gerechte fällt siebenmal am Tage.

Auf einen groben Klotz gehört ein grober Keil.

Das Wetter kennst du am Wind,
den Vater am Kind,
den Bauern am Rind,
den Herrn am G'sind.

Menschen und Juniwind ändern sich geschwind.

Erspartes Geld wird hochgeacht',
mit Pump man weiter Schulden macht.

Bei Schmerzen im Kopf binde man sich ein mit Essigwasser getränktes Tuch um denselben und gebe darüber noch ein trockenes Tuch.

Frommer Sinn und froher Mut
sind das beste Heiratsgut.

In de alte Häfe kocht ma die beschte Suppa.

(Schwaben)

Kocht man bei zunehmendem Mond Schweinefett ein, so kocht es über.

Sonnt sich die Katze im Februar,
muß sie im März hinter den Ofen gar.

Arbeit und Zeit erspart,
wer Ordnung wahrt.

Wer im Leben bleibt sich treu
stellt dem Schicksal keine Fragen,
Glück ist, wie das Bergwild scheu,
Du kannst den Hirsch, doch kein Glück erjagen.

(Schwaben)

Wer sich zum Esel macht,
dem wird aufgepackt.

Wer sein Stroh tat verkaufen,
muß bald vom Hofe laufen.

Wer will um die Tochter bitten,
sehe auf der Mutter Sitten.

Zeig mir deinen Mist,
und ich sag' dir, wer du bist.

Schlacht im Dezember nun das wohlgemäste Schwein,
und räuchre Fleich,
es wird für dich zur Speise sein.

Was viele Hände erbaun,
kann ein Eismann verhaun.

Zweige schneiden zu St. Barbara (4. Dez.),
Blüten sind bis Weihnacht da.

Am guten Freien
liegt des Mannes Gedeihen.

Butter soll man im Vollmond kochen,
kocht man sie bei zunehmendem Mond, kocht sie über; kocht man sie bei abnehmendem Mond, ist sie schnell verbraucht.

Geduld, Vernunft und Hafergrütze,
die sind zu allen Dingen nütze.

Glücklich ist, wer vergißt,
was nicht mehr zu ändern ist.

Wer nur nach Batzen freit,
ist nicht gescheit.

Heiraten ins Blut
tut selten gut.

Sogleich bei Winterbeginn
dich auf das Frühjahr besinn.

A verschütts Wasser isch numma guet aufheba.

(Allgäu)

Was in der Jugend du verbrochen,
das büßen deine alten Knochen.

Jedes Ding an seinem Ort,
spart viel Zeit, Verdruß und Wort.

Buur is'n Buur –
'n Schelm von Natur.

(Schleswig-Holstein)

Wer freit Nachbars Kind,
der weiß, was er find't.

Wer schnell arm werden will,
der prozessiere und baue viel.

Regen in der Walpurgisnacht (1. Mai)
hat Keller und Tenn' stets voll gemacht.

Ein kleines Loch stopf zu,
denn groß wird es im Nu.

Ein Schelm ist
wer die Sippe schmäht,
denn er zerstört
was Gott gesät.

Wo nicht im Herzen wohnt die Pflicht,
da helfen auch Gesetze nicht.

Ist der April auch noch so gut –
er schneit dem Bauern auf den Hut.

Vorbeugen ist besser als Heilen.

Alles hilft nicht jedem.

O wäre auch was schön ist wahr,
wie wär' die Welt erst wunderbar!

Es ist nicht alles dumm,
was so herschaut.

So dich eine Biene, Wespe oder Hurneissen gestochen hat, schlage alsbald Kühekot oder kalte, schwarze Erden darauf, und es vergehet der Schmerzen.

Oft kann man eher Schmerz ertragen
als des Juckens arge Plagen.

Wenn im Mai die Bienen schwärmen,
kann der Bauer vor Freude lärmen.

Gennacht (5. Januar) ist a heilige Nacht.
Ist unsers Herrn Tischelnacht.
Da braten wir an Fisch,
Da richten wir an Tisch.
Da schenken wir ein
In unsers Herrn Becherlein.
Mei Basl, a bißl an Zelten,
Tu enk's der Hergott vergelten.

(Bayern)

Hett de Buur Geld,
Hett't de ganze Welt.

(Schleswig-Holstein)

Die gute Hausfrau mehrt das Haus,
die schlechte trägt's zum Tor hinaus.

Jung verwöhnt,
alt gestöhnt.

Ist mir draußen Kampf beschieden,
in meinem Haus, da find' ich Frieden.

Zur Unzeit sparen, tut nicht gut,
und straft sich fast wie Übermut.

Dem besten jungen Hund eines Wurfes gehen zuletzt die Augen auf.

Frisch gewagt ist halb gewonnen.

Den Maien voll Wind,
begehrt das Bauerngesind.

Lust und Lieb
zu einem Ding
macht alle Müh'
und Arbeit gering.

Naht das Glück sich
Deinem Haus
Fang's und halt's
und lass net aus!

(Bayern)

Schlecht Wetter, wänn d' Chatze
fuul uf em Chöistli ligged.

(Schweiz)

Fleißiger Hausvater schafft hurtig Gesinde.

Wer mehr vertut, als er verdient,
wird ärmer bald als sein Gesind.

Rasch gegeben ist doppelt gegeben.

De den Penn ni ehrt,
is den Daler ni weert.

(Schleswig-Holstein)

Wenn der peurin das muß anprindt
Wenn der Bäuerin das Mus anbrennt
und nachts unruwig sind die kindt,
und die Kinder nachts unruhig sind,
bedeut regen oder wind.
dann bedeutet das Regen oder Wind
(Deutschland, 1505)

Wer dir Fremdes tragt ins Haus,
tragt auch solches von dir hinaus,
wer dir Fehler von anderen erzählt,
erzählt auch die deinen der Welt.

Wer gern an die Gesundheit denkt,
dem wird im Leben viel geschenkt.

Wer am Freitag lacht,
weint am Sonntag.

Je vornehmer dr Bauer,
um so größer sei Mischthaufa.
(Allgäu)

Wenn zu Ostern die Sonne scheint,
sitzt der Bauer am Speicher und weint.

Wenn der Ruß an der Pfanne brennt,
schlägt das Wetter um.

Schneidet man Kindern bei Neumond das Haar,
so bekommen sie schöne, dichte Locken.

Wir leben so dahin
und nehmens nicht in acht,
daß jeder Augenblick
das Leben kürzer macht.

(Österreich)

Im Januar sieht man lieber einen Wolf
als den Bauer ohne Jacke.

Den Mutigen hilft das Glück.

Nur dem wird die Kette vom Wagen gestohlen,
der zu faul war, sie abends ins Haus zu holen.

Zu Jakobi – (25. Juli) – werden die Äpfel gesalzen,
zu Bartholomä – (24. Aug.) – geschmalzen.

Ein voller Bauch studiert nicht gern.

Hör stets auf gute Lehren
tu nit zuvil begehren
dann hast nit vil zu klagen
an deinen Lebetagen.

(Schwaben)

Ton- und Steinguttöpfe, die nach langem Stehen einen dumpfen Geruch angenommen haben, werden wieder frisch, wenn man sie gründlich mit heißem, verdünntem Essig durchspült.

Das Hemd ist einem näher als der Rock.

Das beste Heiratsgut des Weibes
ist die Gesundheit seines Leibes.

Trockener März und feuchter April
das ist nach des Bauern Will.

Selbst gewebt und selbst gemacht,
das ist die beste Bauerntracht.

Alter schützt vor Torheit nicht.

Der Apfel fällt nicht weit vom Stamm.

Arbeit macht das Leben süß,
macht es nie zur Last.
Der nur hat Bekümmernis,
der die Arbeit haßt.

Man kann ehrer'n Hupen Müüs as'n Hupen Buurn
Man kann eher einen Haufen Mus als einen Haufen Bauern
ünner een Hoot bringen.
unter einen Hut bringen.
(Schleswig-Holstein)

Erst besinn's, dann beginn's.

Wo viel ist, wird viel vertan.

A guater Kirta (Kirchweih, 3. Sonntag im Oktober)
dauert bis zum Irta (Dienstag)
Er kann si schicka
a bis zum Micka. (Mittwoch)
(Bayern)

Am Essen sind viel mehr verdorben,
als je am Hunger gestorben.

Wer ergründet
die Natur
ist dem Schöpfer
auf der Spur.

(Tirol)

St. Michael (29. Sept.) zündet's Licht an,
damit das Mädchen spinnen kann.

Arm und reich,
vor Gott sind alle gleich.

Was man nicht aufgibt,
hat man nicht verloren.

Dummheit und Stolz
wachsen aus einem Holz.

St. Georg und St. Mark's (23. und 25. April)
Dräuen oft viel Arg's.

Ist an Mariä Opferung (21. Nov.) das Wetter schön bestellt,
daß die Biene den Ausflug hält,
so ist das nächste Jahr fürwahr
ein böses, teures Hungerjahr.

Liegt im Februar die Katz im Freien,
kann sie im März vor Kälte schreien.

Der Summer ist ummer,
das macht mir kein' Kummer,
denn Truhen und Speicher
sind voller und reicher.

Söök di'n Bruut in'n Stall
Such deine Braut im Stall
un nicht op'n Ball.
und nicht auf dem Ball

(Schleswig-Holstein)

Das liebe Vieh

Jeglicher Technisierung und Rationalisierung in der modernen Landwirtschaft zum Trotz, kann und will der Bauer auf sein Vieh nicht verzichten. In Jahrhunderten wurden dem Landmann der robuste Ackergaul, die zuverlässige (gar nicht dumme!) Kuh, das emsige Huhn zum treuen Gefährten rund um die Uhr. Mit ihnen ging er sozusagen abends in die Federn und stand morgens – beim ersten Hahnenschrei – wieder auf. Daran hat übrigens die Sommerzeit gar nichts geändert – Tiere ignorieren Modernismen.

Um Aufzucht und Pflege, um Gewohn- und Gepflogenheiten des Viehs ranken sich zahlreiche Regeln. Das Schöne daran – sie stimmen meistens.

Kommt Sonne nicht in deinen Stall,
bringt krankes Vieh dich bald zu Fall.

Zu Lichtmeß (2. Feb.) noch das halbe Futter,
dann fehlt's dir nicht an Milch und Butter.

So die sonn haiß thut stechen,
Wenn die Sonne heiß sticht,
die küe pisen und prummen,
die Kühe pissen und brummen,
alsbald, thun die pauren sprechen:
sagen die Bauern alsbald,
es wirt gwiß ain regen kummen.
es wird gewiß ein Regen kommen.

(Deutschland, 1505)

Junge Hühner legen die Eier,
alte Kühe geben die Milch.

Wer arm werden will und weiß nicht wie,
der halte nur viel Federvieh.

Wenn Mastschweine im letzten Viertel des Mondes geschlachtet werden, so halten sich das Fleich und der Speck besser.

(Schweiz)

Wo eine Kuh knapp Futter hat,
werden noch immer zehn Schafe satt.

Zu Georgi (23. April) die Küh' naus,
zu Micheli (29. Sept.) wieder nach Haus.

Das Schaf hat eine goldene Klaue,
ein eisernes Maul
und einen papierenen Magen.

Osterferkel, Osterfohlen,
alle Bauern haben wollen.

Im Feber kehr aus Unflat und Mist,
der im Taubenschlag und in den Hühnernestern ist.

Kälber sollen bei wachsendem Mond abgesetzt,
Glucken sollen bei wachsendem Mond angesetzt werden.

Treibst auf schlechte Weid' die Kuh,
so verlierst du die Milch und den Mist dazu.

Das Huhn legt durch den Kropf.

Tanzen im Januar die Mucken,
muß der Bauer nach dem Futter gucken.

Des Herren Fuß den Acker düngt,
des Herrn Auge das Vieh verjüngt.

Gut gefuttert,
viel gebuttert.

Lichtmeß (2. Feb.) kalbt die Kuh,
legt das Huhn,
zickelt die Geiß.

Gibt's um Fasnacht viel Stern,
dann legen die Hennen gern.

Wenn es im Mai auf der Alm kein Gras gibt,
kannst du eine Kuh mehr auftreiben.

All wat ik mien Köh un mien Mann geev,
Alles, was ich meinen Kühen und meinem Mann gebe,
sä de Buurfru, krieg ik wedder.
sagt die Bauersfrau, das kriege ich wieder.

(Schleswig-Holstein)

Wenn's im August
regenlos abgeht,
das Pferd mager
vor der Krippe steht.

Was einer nicht hat,
kann er anderen nicht geben.

Der Bulle ist die halbe Herde.

Auf St. Jürgen (23. April)
soll man die Kühe von der Wiese schürgen,
denn die Wiese geht ins Heu,
ist St. Jürgentag vorbei.

Wer sein Geld nicht kann lassen liegen,
der kaufe Tauben, dann sieht er's fliegen.

Uf Santa Galla (16. Okt.) tuetm ds Veh stalla,
mas nid si, su bringts dr Marti (11. Nov.).

(Schweiz)

Striegel und Streu
tun mehr als Heu.

Um Pferde vor Fliegen und Bremsen zu schützen, kocht man Hanf mitsamt dem Kraut ab und reibe sie damit ein.

Wer nur lebt mit Pferden,
kann leicht selbst zum Viehe werden.

März – der Lämmer Scherz,
April – treibt sie wieder in die Still'.

Wer eine Gans zu Weihnachten mag,
beginne sie zu mästen am Katharinentag. (30. April)

Nach St. Gall (16. Okt.)
bleiben die Küh' im Stall.

Für den Kuhstall mußt du merken:
Runde Kälber, schlanke Sterken.

Wenn d' Henne guet hocket, scherret se so lang,
bis se schlecht hocket.

(Allgäu)

Je dicker das Futter,
je fetter das Schwein.

Wenig Milch und wenig Mist
gibt die Kuh, die wenig frißt.

Im Sommer eine Distelkur,
im Winter recht viel Möhren,
dann wird dich in dem Pferdestall
der Tierarzt nicht sehr stören.

Wenn die Weiden blühen,
beginnen die Ziegen zu meckern.

Good Peerd mutt ut'n Stall verköfft warrn.
Ein gutes Pferd muß aus dem Stall verkauft werden.

(Schleswig-Holstein)

Die besten Milchkühe werden die Kälber, die zwischen Lichtmeß (2. Feb.) und Faschingsdienstag gboren werden.

In der Kirche und im Stall ist man nie zuviel.

Ein Jahr länger ein Fohlen,
ist zehn Jahre länger ein Pferd.

Was du versäumt am Kalbe,
bringt nie die Kuh dir ein.

Man soll nicht eine Kuh hungern lassen,
wenn man zwei Ziegen ernähren kann.

Um Tauben aus dem Schlag zu jagen,
wirf Eulenfedern hinein.

Wenn die Gans am St. Luzientag (13. Dez.) im Schmutz geht, so geht sie am Christtag (25. Dez.) auf Eis.

Ohne Mühe keine Kühe.

Zu Lichtmeß (2. Feb.) halb Futter, halb Brot,
dann hat es keine Not.

Ruhe und Rast ist die halbe Mast.

Das Schaf ist der Pfennigsucher.

Die Hörner von Jungvieh soll man bei abnehmendem Mond richten.

Wenn der Holunder blüht
sind die Hühner müd.

Pferd und Schaf sind Weideschinder,
schonend weiden nur die Rinder.

St. Gertraud (17. März)
führt die Kuh ins Kraut,
das Roß zum Pflug,
die Bienen zum Flug.

Hat ein Pferd blutende Hufe, schmier sie dick mit frischem Kuhmist ein, und sie werden schnell heilen.

Gut gekaut
ist halb verdaut.

Man soll nicht mit Vieren fahren,
wenn man nur für zwei Futter hat.

Die Hälfte der Zucht geht durch das Maul.

Wenn das Vieh hustet und unruhig ist,
so gibt es schlechtes Wetter.

Ohne Heu kein Vieh,
ohne Vieh kein Mist,
ohne Mist keine Ernte.

Pauli Bekehr (25. Jan.) –
Gans gib' dein Ei her!

Die Füllen nicht im Abnemmen, sondern im Zunemmen des Mondes, und zwar im Steinbock, Schützen, Wassermann oder Zwilling abgewöhnen.
(Schweiz, 1705)

Einem beißenden Pferd einen besonderen Stall.

Wie die Zucht
so die Frucht.

Die Rasse geht durch das Maul.

Gibst du mir ins Kröpfchen,
geb ich dir ins Töpfchen.

Damit Tauben immer wieder zu ihrem Schlag zurückfinden, muß man ihnen Wegerich in den Schlag legen.

Die Ziege ist die Kuh des armen Mannes.

Soviel Pferde,
soviel Sauen.

Eine lahme Kuh ist eine halbe Kuh.

Die Hanen und Hännen, wann sie by anfangendem Regen nicht unter das Tach fliechen, sondern immerdar auf der Weithe bleiben, ist eß ein Zeichen, daß das Regenwätter länger anhalten wolle.

(Schweiz, 1791)

Die Almweid' wächst erst,
wenn's d' Kuhglocken hört.

Soll sich lohnen deine Müh',
halt' junge Hennen und alte Küh.

Ordnung im Stall ist halbes Futter.

Im Jänner beschlag die Perde, wenn Neumond ist, oder etliche Tage danach, dann kriegen sie gute Hufe.

Wenn sich die Ziege kräftig und lange schüttelt, so kommt es bald zum regnen.

Gibt man den Schafen im Januar Erlenlaub zu fressen, bleiben sie das ganze Jahr gesund.

Ein altes Huhn gibt eine gute Brühe.

Schlachtet der Bauer eine Henne,
so ist die Henne krank oder der Bauer.

Früh raus,
früh rein!

Je rauher das Fohlen,
desto glatter das Pferd.

Der Himmel ist der beste Stall.

Wenn man singt:
Uns ist ein Kind geboren,
hat die Gans ihren Geschmack verloren.

Jetzt gehts gega Weihnachten,
da dean d' Bauern d' Sau schlachten.
Nacha gehts gega d' Liachtmessen (2. Feb.),
da ham sie's wieder zamgfressen.
(Bayern)

Wenn die Bäuerin die Kühe füttert,
geben selbst die Hörner Milch.

Bewegung ist der beste Geburtshelfer.

Wo nichts vor der Kuh ist,
ist auch nichts unter der Kuh
und auch nichts hinter der Kuh.

Schneidet man die Klauen vom Vieh bei zunehmendem Mond, so wachsen sie schneller nach als bei abnehmendem Mond.

Um Martini (11. Nov.) schlachtet man ein Schwein,
so muß um Lichtmeß 'gessen sein.

Einer Reb' und einer Geiß
ist im Sommer nie zu heiß.

Ist im Maien zart das Gras,
gibt es Milch ohn' Unterlaß.

In der Vieh-Zucht soll man schöne Spanferkel, welche der Zeit vorab bey wachsendem Mond fallen, auffziehen, und ihnen, damit sie bald wachsen und der Milch vergessen, anfangs Brot und Gersten fürwerfen.

(Schweiz, 1705)

Streu spart Futter.

Kommt die Sonne nicht durchs Fenster,
kommt der Tierarzt durch die Tür.

Vorbeugen ist besser als heilen.

Wer seine Schafe schert vor Servaz (13. Mai)
dem ist die Wolle lieber als das Schaf.

En ole Koh un en junge Hehn verlaat ehren Herrn nich.
Eine alte Kuh und eine junge Henne verlassen ihren Herrn nicht.

(Schleswig-Holstein)

Ist das Brustbein der Martinsgans (11. Nov.) weiß, so wird der Winter streng. Ist es braun, soll es mehr Schnee als Kälte geben.

Kurze Beine, gute Eierlegerin.

Legt man Eier im September unter,
git es wenig Hähnchen und viele Hühner.

Gescheckte Kühe geben mehr Milch.

Wenn die roß seer beyßen die mucken,
bedeut ain regen von freyen stucken!
(Deutschland, 1505)

Zahl zehrt,
Leistung mehrt.

I reit' daher also fest,
Grüß' den Bauern und seine Gäst',
Wenn i' den ein grüß' und den andern nicht,
Gäb's für mich Reiterlein ein saures G'sicht.
Bauer und Gäst' gar hoch geborn',
In unserem Land wächst Wein und Korn.
Bäuerin laß' Dir a was sagen,
I soll' Di zur Hochzeit laden,
Gibt's a Stück'l von der Henna,
Könnt' ich und der Schimmel recht renna,
Gibt's a Stück'l von der Sau,
Tät's mich freuen, liebe Frau.
Krieg' ich auch noch Bier und Wein,
Dann, Schimmel, kannst du Juchhe schrei'n.
(Bayern)

Die Aufzucht des Kalbes beginnt im Mutterleib.

De Reiche ihre Mädle
ond de Arme ihre Kälble
kommet no alleweil an de Ma.

(Schwaben)

Was die Sonne nicht sieht,
gedeiht schlecht.

Wann die hanen widerstrytz kreigen,
Wenn die Hähne in Streit geraten
widereynander füren eyn wilden reigen:
und einen wilden Reigen gegeneinander führen,
doby soltu mercken und verstan,
sollst du merken und verstehen,
daß wir enderung der wind oder des wetters werden han.
bald wirst du den Wind oder's Wetter sich ändern sehen.

(Deutschland, 1505)

St. Martin (11. Nov.) ist ein guter Mann,
er bringt die Bratgans uns heran.

De Appel fallt ni wied vun'n Stamm,
Der Apfel fällt nicht weit vom Stamm,
so as dat Schaap is, is da Lamm.
wie das Schaf ist, so das Lamm.

(Schleswig-Holstein)

Das Vieh ist wie der Stall.

Der Februar muß stürmen und blasen,
soll im Mai das Vieh schon grasen.

St. Wendelin (20. Okt.) verlaß uns nie,
Schirm unsern Stall,
Schütz unser Vieh!
(Tirol)

Eines Hufeisens willen
verdirbt oft ein Pferd

Am 1. Weihnachtsfeiertag (25. Dez.) muß man den Kühen Hefezöpfe zu fressen geben, das bedeutet Gesundheit und Glück im Stall.
(Schweiz)

Iß Gäns Martini,
Wurst in Festo Nicolai,
Iß Blasii Lemper (Lämmchen),
Hering Oculi mei semper.

Bei Mondwechsel kalben die Kühe.

Wer dem Vieh im Stalle Stroh streut,
kommt aus dem Hunger.
Wer Laub streut, hat nichts.

Oster früh,
hungrige Küh.

Schere die Schafe in warmer Zeit,
so tragen sie bald wieder ein feines, wollenes Kleid.

Ist der März und April zu trocken und licht,
so gerät das Futter nicht.

Wenn es im Mai donnert,
gibt die Kuh Milch.

Wenn's im August regenlos abgeht,
das Pferd dann mager vor der Krippe steht.

Septemberregen
ist für Saaten und Vieh gelegen.

Schlechtes Futter gibt rauhe Pferde.

Wenn der Hahn kräht im Hühnerstall,
gibts unter der Trauf' einen Wasserfall.

Wenn die Ochsen spielen,
ändert sich das Wetter.

Regenbogen am Morgen,
des Hirten Sorgen.
Regenbogen am Abend,
den Hirten labend.

Schafmist geht über Gottes Segen.

Mittwochsferkel sind verloren.

St. Nikolaus (6. Dez.) beschert die Kuh,
gibt aber nicht den Strick dazu.

Merkt, daß heran Gewitter zieh',
schnappt auf der Weid nach Luft das Vieh,
auch wenn's die Nasen aufwärts streckt
und in die Höh' die Schwänze reckt.

Von St. Luzia (13. Dez.) bis zur heiligen Nacht,
der Tag sich um einen Hahnenschritt größer macht.

Novembermilch
macht die Kälber billig.

Michaeli (29. Sept.) kauf am besten Vieh,
den Verkauf aber brich nicht übers Knie.

Im Oktober
sind die Pferde pober.

Am ersten Mai
fährt man den Ochsen ins Heu.

Gänse, am Walperntag (30. April) ausgebrütet,
geraten nicht.

Eier vom Tage Valentin (14. Feb.)
bringen wenig Gewinn.

Fabian, Sebastian (20. Jan.),
nimmt der Tauber die Taube an.

Vom Wein und anderen Himmelsgaben

Nicht jeder von uns ist stolzer Besitzer eines Weinberges oder einer blühenden Obstanlage. Aber auch Balkon- oder Schrebergärtner dürfen getrost die eine oder andere Bauernregel beherzigen. Denn sie geben uns, gestützt auf jahrhundertealte Beobachtungen und Erkenntnisse goldene Ratschläge, sagen uns was, wann, wo und wie am besten gesät, gepflanzt, gepflegt und zu unserem leiblichen Wohl auch geerntet wird. Auf denn: Prost! Und: Wohl bekomm's!

Den Bohnen, dem Weinstock und Mais
wird es niemals zu heiß.

Hast du viel Mist, so dünge den Acker,
hast du wenig, so dünge die Pflanzung.

Auf den Benediktentag (21. März) säe Erbsen, Gerste und Zwiebeln.

Ist Gertrud (17. März) sonnig,
so wird's dem Gärtner wonnig.

Heller Mondenschein im April,
schadet den Blüten unendlich viel.

Ist nur der Weinmonat gut gewesen,
dann mag kommen des Winters Besen.

Gute Kornjahre sind schlechte Obstjahre.

Petersiliensamen sät man an einem Mittwoch,
dann geht er gut auf.

Die drei Eismänner (12. 13. 14. Mai) sind strenge Herrn,
sie ärgern Gärtner und Winzer gern.

Pflanz mich für zwei,
so wachs' ich für drei.

März dröög, April natt,
März trocken, April naß
bringt Koorn in'n Sack
bringt Korn in den Sack
un Wien int't Fatt.
und Wein ins Faß.

(Schleswig-Holstein)

Alle Wurzel- und Knollengewächse sollten bei abnehmendem Mond gesät, gesteckt oder gepflanzt werden.

Der Mond reift keine Trauben.

Sind die Trauben an Sankt Georgi (23. April) noch blind,
so sollen sich freuen Mann, Weib und Kind.

Nelkenstauden soll man bei Vollmond ausbrechen.

Im Oktober Weißrüben und Möhren ausgraben, um Burckhardi (14. Okt.) im letzten Viertel.
Rüben zu verwahren an Orten, da sie nicht gefrieren mögen, und zu hängen.
Die Krautgarten im Oktober mitt guttem Mist zu bestechen und über Winters unterzustürzen. Vor Galli (16. Okt.) muß alles Gesämt aus der Erde gegraben und in den Keller gesetzt werden.

(Schweiz, 17. Jahrhundert)

Kommt Nebel, wenn die Bäume blühn,
so wirst du nicht viel Obst erziehn.

Ein fauler Apfel machet schnell,
daß auch bald faul wird sein Gesell.

Blumenkohl im Mai,
gibt Köpfe wie ein Ei.

Wenn der Dreck Mischt wird,
will er gfahre sei.

(Allgäu)

Im August soll man den Knoblauch aus der Erde nehmen.

Will der Mai ein Gärtner sein,
trägt er nicht in Scheunen ein.

Nur in der Juliglut
wird Obst und Wein dir gut.

Bohnen wollen die Glocken läuten hören.

Graben und Hacken
macht rote Backen.

Der Mai bringt Blumen dem Gesichte,
aber dem Magen keine Früchte.

Um Obstbäume vor schädlichen Frösten und Herbsttau zu schützen, sollte man mit Wasser gefüllte Eimer unter sie stellen.

Der August muß Hitze haben,
sonst wird der Obstbaumsegen begraben.

An Pfingsten sollen die Erdbeeren gepflückt werden.

An Ursula (21. Okt.) muß das Kraut herein,
sonst schneien Simon und Juda (28. Okt.) drein.

Wenn der Gärtner schläft,
pflanzt der Teufel Unkraut.

Auf großen Raum pflanz einen Baum
und pflege sein, er bringt dir's ein.

Spargen werden in abnemmendem Mond auß dem Samen, geschwinder aber von den Wurtzeln in den präparirten Boden gesetzt.

(Schweiz, 1705)

Zu Vinzenzi (22. Jan.) Sonnenschein,
bringt viel Korn und Wein.

Nasser April
verspricht der Früchte viel.

Was der Juli nicht kocht,
kann der September nicht braten.

Zwetschgenbäume sollen in der Nähe
des Hofes gepflanzt werden.

Ein Obstjahr ist kein Weinjahr.

Setzt du die Kartoffel im April,
so kommt sie wann sie will,
setzt du sie im Mai,
so kommt sie glei'.

Wenn man am Gründonnerstag Erbsen steckt,
so bekommen sie keine Würmer.

Bevor Simon Juda (29. Okt.) schaut,
pflanze Bäume, schneide Kraut.

Ein Pfirsichbaum und ein Hund
bleiben sieben Jahre gesund.

Muß Gallus (16. Okt.) Buttenträger sein,
ist's ein schlechtes Zeichen für den Wein.

Wenn der September noch donnern kann,
dann setzen die Bäume viel Blüten an.

Wer seinen Garten sorglich pflegt,
weiß auch, daß er ihm Früchte trägt.

Kartoffeln, Runkeln und Schwiegersöhne
können nie genug kriegen.

Wer will dicke Bohnen essen,
darf die Märzsaat nicht vergessen.

Im Januar viel Regen ohne Schnee,
tut Bäumen, Bergen und Tälern weh.

Endiviensetzlinge versetzt man am besten im August bei abnehmendem Mond.

Ein kühler Mai
bringt allerlei.

Kartoffeln zur Saat,
Ernte nie zu spat.

Je größer die Scholle,
desto besser die Erbse.

Wer nicht jätet früh,
jätet später mit doppelter Müh'.

Wenn's regnet im August
regnet's Honig und guten Most.

Die letzten Früchte sollte man an den Obstbäumen lassen, sie gehören den Vögeln.

Im Mai ein warmer Regen,
bedeutet Früchtesegen.

Viel Wind in den Weihnachtstagen,
reichlich Obst die Bäume tragen.

Mangold fürchtet die Kälte nicht und kann im Februar bei abnehmendem Mond ausgesät werden.

Die erste Birne bricht St. Margareth, (15. Juli)
drauf' überall die Ernt' angeht.

Schneid ab das Kraut,
bevor es Juda (28. Okt.) klaut.

Vor Jakobi (25. Juli) eine Rübe,
nach Jakobi ein Rübchen.

Im Februar soll man Tauben- und Hahnenmist in den Garten bringen und ausbreiten.

Mist ist des Bauern List.

Spinet oder Spinadel oder endtlich Spinetsch (Spinat), ein gewisse Gattung deß Krautß wird angeseet im Frühling, und zwahr so bald der Schnee verschwunden, und wann nachgehends gleichwohl ein frischer Schnee auf daß angeseete Bett fallet, wird ihme selbiger nit vill schaden.

(Schweiz, 1791)

Frühes Klauben,
große Trauben.

Wenn Gallus (16. Okt.) kommt, hau ab den Kohl,
er schmeckt im Winter trefflich wohl.

Lichtmeß (2. Feb.),
s' Spinne vergeß,
s' Rädel hinter die Tür,
s' Rebmesser herfür!

Maria (25. März) bindet die Reben auf,
nimmt auch ein' leichten Frost in Kauf.

Erbsen säe Ambrosius (4. April),
so tragen sie reich
und geben gut Mus.

Jakobi (25. Juli) Erdäpfel und Gurkensalat,
wird Herrn und Knecht zu eng die Naht.

Wenn die Nußstauden reichere Frucht tragen sollen, so versetze sie um Lamberti (17. September).

Michaeliwein (29. Sept.)
ist edler Herrenwein,
Galliwein (16. Okt.)
nur Bauernwein.

Im Mai keine Erbsen und Bohnen setzen,
sonst werden sie hart.

April windig und trocken,
macht alles Wachstum stocken.

Der Salat hat den Wind nicht gern.

Auf Martini (11. Nov.) schlachtet man feiste Schwein
und wird der Most zu Wein.

Auf St. Gallen Tag (16. Okt.)
muß der Apfel in seinen Sack.

Im Gilbhart (Oktober) räum den Garten,
denn willst du warten,
so kommt die Kälte
und nimmt die Hälfte.

Willst du einen alten Baum verjüngen,
so vergrabe unter seinen Wurzeln ein
Gemisch aus Hagebuttenwurzeln und Schweinemist.

Soll der nächste Wein gedeihn,
muß St. Stefan (26. Dez.) ruhig sein.

Sommermajoran wird im April bei Neumond gesät
und versetzt. Er hat gern Schatten und Schutz vor Reif.

Die Odelgrube ist der Geldbeutel des Bauern.

St. Kunigund (3. März)
macht warm von unt'.

Maria Himmelfahrt (15. Aug.) klarer Sonnenschein,
bringt meistens viel und guten Wein.

Zu Georgi (23. April) blinde Reben,
volle Trauben später geben.

Ziehen zu Maria Geburt
die Schwalben noch nicht furt,
so wollen sie sehen,
wie die Blumen im Weinmonat stehen.

Wenn die Bäume zweimal blühn,
wird sich der Winter bis zum Mai hinziehn.

Halt ihn feucht und tret ihn feste,
in engem Raum,
im Schatten vom Baum,
das ist für den Mist das beste.

Wenn man bei Vollmond Blumen beschneidet,
so werden sie gefüllt, zum Beispiel
Margariten und Stiefmütterchen.

Gut gesät,
reichlich geerntet

Bohnen soll man bei Regenwetter säen.

Bis Sankt Gallus (16. Okt.) müßen alle Früchte aus dem Garten in den Keller, die im Frühjahr Samen bringen sollen.

Gießt man Rote Rüben mit Wasser, in dem man ganz wenig Salz aufgelöst hat, so werden sie schön rot und weniger holzig.

Was Juli und August nicht taten,
läßt der September ungebraten.

Aprilenglut
tut selten gut.

Die Hacke ist das Spielzeug des Gärtners.

Zu Jakoben (25. Juli)
wachsen die Rüben unten und oben.

Wer will haben,
der muß graben.

Kerbelkraut soll vor der Blüte geschnitten werden, es ist sehr gesund und regt den Stoffwechsel an.

Pflanz einen Baum, du kannst nicht ahnen,
wer einst in seinem Schatten tanzt.
Bedenk mein Sohn, es haben deine Ahnen,
eh' sie dich kannten, auch für dich gepflanzt.

An Samen spare, nicht an Mist,
ein kluger Bauer du dann bist.

Gege a Fueder Mischt isch schwer aschtinke.

(Allgäu)

Sebastian (20. Jan.) je kälter und heller,
Scheuer und Faß dest' völler.

Rosenstauden tragen bis weit in den Herbst hinein Blüten, wenn man sie im April bei Vollmond schneidet.

Willst Gerste, Erbsen, Zwiebeln dick,
so sä' sie an St. Benedik (21. März).

Ist Laurentius (10. Aug.) ohne Feuer,
gibt's ein kaltes Weinl heuer.

So wie der Mai
werden Obst und Heu.

Pfingstregen,
Fruchtsegen.

In Steinweg und Weichs
In Steinweg und Weichs
baun's allerhand grea Zeugs:
baut man allerhand grünes Zeug an:
Salat, Sellerie, Kohlrabi,
Salat, Sellerie, Kohlrabi,
doch d' Hauptsach san d' Radi.
doch die Hauptsache ist der Rettich

(Bayern)

St. Jakob (25. Juli) nimmt hinweg die Not,
bringt erste Frucht und frisches Brot.

Mathis (21. Sept.)
macht die Birn' süß.

Was du an einem Tag versäumtest im Julei,
das schaffen im August zehn Tage nicht herbei.

Sobald das Unkraut ist zu sehn,
mußt du ihm schon zu Leibe gehn.

Sankt Oswald (5. Aug.),
wachsen die Rüben bald.

St. Jakob (25. Juli) bringt Kraft in d'Birn,
St. Barthelmä (24. Aug.) in d' Äpfel.

Gurken soll man frühestens nach drei Jahren
wieder an der selben Stelle anbauen.

Wenn an Michael (29. Sept.) die Schlehen blauen,
muß man nach den Trauben schauen.

Oktobersonne kocht den Wein
und füllt auch große Körbe ein.

Wenn sich naht St. Stanislaus (7. Mai)
rollen die Kartoffeln raus.

Steckst du die Kartoffel im März,
so treibst du mit ihr Scherz.

Kohl sollte an einem der ersten Augusttage
eingebracht werden.

An St. Gall (16. Okt.)
ernte man die Rüben all.

An St. Jakob (25. Juli) und St. Anna (26. Juli)
die ersten Bohnen und Kartoffeln essen.

Wenn es im September donnert,
gibt es viele Pflaumen im nächsten Jahr.

Soll das nächste Jahr gesegnet sein,
bring vom Baum nicht *alle* Früchte ein.

Im Januar viel Regen und wenig Schnee,
tut Saaten, Wiesen und Bäumen weh.

Wenn's an Michaeli (29. Sept.) nicht kann sein,
so bringt St. Galli (16. Okt.) sauren Wein.

Rosmarintriebe soll man drei oder vier Tage vor Vollmond ausbrechen, dann wird die Pflanze stärker und nadelreicher.

Oktobers Ende
reicht allen Heiligen die Hände.

Im Juli warmer Sonnenschein
macht alle Früchte reif und fein.

Wenn die Hundstage gießen,
muß die Traube büßen.

Auf den Juni kommt es an,
wenn die Ernte soll bestahn.

Wer Stoppelrüben will essen,
muß Laurenz (10. Aug.) nicht vergessen.

Früchte soll man bei wachsendem Mond pflücken. Pflückt man sie bei abnehmendem Mond, werden sie schnell faul.

Kehrt St. Martin (11. Nov.) ein,
ist jeder Most schon Wein.

Wer auf St. Benno (16. Juni) baut,
der kriegt viel Kraut.

St. Gertrud (17. März) mit dem frommen Sinn,
ist die erste Gärtnerin.

Bringt Martina (30. Jan.) Sonnenschein,
hofft man auf viel Frücht' und Wein.

Im Märzen reinige des Gartens Grund und Erden,
die Zwiebel kann auch gesäet werden.

Im Junius gibt acht: Laß deine Scheuern putzen,
steck Pflanzen von dem Kraut,
so wachsen sie mit Nutzen.

O heiliger St. Veit (15. Juni), regen nicht,
daß es uns nicht an Obst und Wein gebricht.

Juli kühl und naß,
leere Scheunen – leeres Faß.

Wenn Matthäus (21. Sept.) weint statt lacht,
Essig aus dem Wein er macht.

Warmer Aprilregen, großer Segen.

Dem Weinstock,
den Bohnen
und dem Mais
wird's nie zu heiß.

Was frißt die Maus, schlägt wieder,
was frißt die Schneck, bleibt ewig nieder.

Gesetzt ist nicht gesät
und geschnitten ist nicht gemäht.

Mai kühl und naß
füllt Scheuer und Faß.

Sind im Januar die Flüsse klein,
gibt's im Herbst einen guten Wein.

Wenn der Kohl gerät,
verdirbt das Heu.

Hat St. Urban (25. Mai) Sonnenschein,
bringt er viel und guten Wein,
hat er Regenschauer,
wird er sauer.

Wenn am ersten Mai Reif fällt,
gerät die Frucht wohl.

Wenn Felix (30. Aug.) nicht glückhaft,
der Michel (29. Sept.) kein' Wein schafft,
hat Gallus (16. Okt.) nur Sauren
aufs Feld für die Bauren.

Früchtereiches Jahr,
wespenreiches Jahr.

St. Jakob (25. Juli) bringt den Saft
in Äpfel und Birnen.

Am Johannestag (24. Juni)
die erste Kirsch nach Hause trag.

Oktober geht ein rauher Wind,
dann wärm' am Sauser dich geschwind.

Erbsen soll man bei abnehmendem Mond pflanzen.

St. Lorenz (10. Aug.) mit heißem Hauch,
füllt dem Winzer Faß und Schlauch.

Kleinen Samen flach bedecken,
Großen Samen tief verstecken.

Wie die Saat, so die Ernte

Der wichtigste Tag im Leben eines Bauern war seit jeher weder Weihnachten noch Kaisers Geburtstag, sondern der Tag, an dem er seine Ernte, die schwere, mühevolle Arbeit langer Monate, unter Dach und Fach hatte und dafür dem lieben Gott auf seine Art huldigte: mit dem Erntedankfest. Wenn der Altar unter der schönen Last fast zusammenzubrechen drohte, dann stand ein guter Winter vor der Tür. Doch bis die Saat aufgeht, die Ernte in der Scheune ist und der Tisch gedeckt werden kann, gibt es eine Menge zu beachten – auch an Bauernregeln.

Tritt Matthäus (21. Sept.) ein,
soll die Saat vollendet sein.

Wer in der Ernte nicht hilft schneiden,
der muß im Winter Hunger leiden.

Im Jänner viel Muckentanz,
verdirbt die Futterernte ganz.

Wenn der November regnet und frostet,
dies der Saat das Leben kostet.

Sobald die Sense klingt,
Petrus uns Regen bringt.

Roggen in die Asch',
Weizen in die Wasch'.

Wer sät und seine Saat nicht pflegt,
der hat umsonst die Hand bewegt.

Mertzen. Die Habersaat, so feren es die Nässe des Feldes zuläßt, beschleunigen, etwan acht Tage nach dem neuen, oder im alten Mond; dann in diesem wird der Haber (glaubt man) reicher an Körneren, geringer am Stroh.

(Schweiz, 1705)

Gibt's Korn auf dem Sand,
kommt Kummer ins Land.

Um Michaeli (29. Sept.) in der Tat,
gedeiht die beste Wintersaat.

Was mühsam auf dem Feld geworben,
ist oft im Scheunenfach verdorben.

Wächst das Korn im Januar,
wird es auf dem Markte rar.

Hafer ins Nasse,
gibt Bünde die Masse.

Wenn der April Spektakel macht,
gibt's Heu und Korn in voller Pracht.

Sind Philipp und Jakobus (11. Mai) naß,
machts dem Bauern großen Spaß.

O heiliger Veit (15. Juni) regne nicht,
daß es uns nicht an Gerst' gebricht.

Julisonnenbrand
gut für Stadt und Land.
Juliregen
nimmt den Erntesegen.

Der Andreasschnee (30. Nov.)
tut dem Korne weh.

Feuchter, fauler März
ist des Bauern Schmerz.

Regen im Mai
gibt für das ganze Jahr Brot und Heu.

Der Tau ist dem August so not,
als jedermann sein täglich Brot.

Winterkornsaat
bis zum St. Lukas Tag (18. Okt.)

Watet St. Vinzenz (22. Jan.) im Schnee,
gibts viel Heu und Klee.

Gut gepflügt,
halb gedüngt.

Donnert's in den März hinein,
wird der Roggen gut gedeih'n.

St. Kilian (8. Juli) der heilige Mann,
stellt die ersten Schnitter an.

Sankt Paul (25. Jan.) klar, gibt ein gutes Jahr.
So er bringt Wind, kommt das Gras geschwind.
Durch Nebel stark, füllt er den Sarg.
Wenns regnet und schneit, wird teurer das Getreid.

Gibt's im Juni Donnerwetter,
wird auch das Getreide fetter.

St. Gertraud (17. März)
Acker und Garten baut.

Gibt's im August keine Garben,
wird man im Winter darben.

Maria geborn (8. Sept.),
Bauer, säe dein Korn.

Im Herbst säe lieber bei abnehmendem Mond.

Beim Weizeneggen soll man sich nicht umdrehen.

Der Schälpflug folg' dem Erntewagen,
dann wird dich nicht das Unkraut plagen.

Wer im Frühling schläft,
weint im Winter.

Märzen trocken
bringt den Bauer auf die Socken.

Unten fest und oben rauh,
gibt einen guten Sommerbau.

Was man nicht erklären kann,
sieht man gern als Bodensäure an.

Durch Rade, Tresp' und Vogelwicken
gelangt der Bauer auf die Krücken.

Auf dem Acker ist kein besserer Mist,
als der, der an des Bauern Stiefeln ist.

Wer am Lukas (18. Okt.) Roggen streut,
es im nächsten Jahr bereut.

Zu frühes Säen ist selten gut,
zu spät säen tut auch nicht gut.

Wenn St. Ägidius (1. Sept.) bläst ins Horn,
dann heißt es: Bauer sä' dein Korn.

Donnert der Michel (29. Sept.),
viel arbeit' die Sichel.

Ist es klar an Petronell (31. Mai),
meßt den Flachs ihr mit der Ell'.

De Hawer ward seit,
wenn de Wind nich weiht.

(Schleswig-Holstein)

Bringt St. Vinzenz (22. Jan.) Sonnenschein,
kehrt Segen in die Kornkammer ein.

Ist der Hornung (Februar) kalt und klar,
dann kommt ein gutes Roggenjahr.

Soll die Gerste üppig stehn,
so wird man an St. Benedikt (21. März) sä'n.

Kann St. Georg (23. April) im Korn einen Raben
verstecken,
wird Mehl sich häufen zu prallen Säcken.

Mairegen auf die jungen Saaten
fällt für den Bauern wie Dukaten.

Nach dem Tag von Sankt Johann (24. Juni)
der Landmann die Gerste loben kann.

Nach St. Anna (26. Juli) klar und rein,
wird bald der Weizen geborgen sein.

Bauer, zu St. Bartholomä (24. Aug.)
willst Winterroggen du, so sä'!

Ist der Herbsting (September) reich an Regen,
gereicht das Naß der Saat zum Segen.

Sieht St. Lukas (18. Okt.) es zwischen den Stoppeln keimen,
wird zu gedeihen das Korn nicht säumen.

Wer Unkraut nur ein Jahr läßt stehen,
kann sieben Jahre jäten gehen.

Wer im Frühjahr schläft,
wacht im Sommer auf.

Durch Schleppen kommt das Unkraut schnell,
gerb' ihm durch Eggen derb das Fell.

Je näher der Pflug am Erntewagen,
je besser wird die Nachfrucht tragen.

Hafer und Erbsen wachsen durch die Diele.

Das beste für die Saatlupine:
vom Dreschsatz in die Drillmaschine.

Brachen, pflügen und stark misten
füllt dem Bauer seine Kisten.

Wer den Acker im Herbst nicht stürzt,
hat seine Ernte zur Hälfte gekürzt.

Bei Neumond ausgedroschene Körner werden lebendig.

Dem Düngerwagen
soll gleich der Pflug nachjagen.

Frühe Saat hat nie gelogen,
allzu spät hat oft betrogen.

Do hilft all's Bete nix,
Da hilft alles Beten nichts,
do g'hert Mischt na.
da gehört Mist her.

(Allgäu)

Wer spärlich seinen Acker düngt,
der weiß schon was die Ernte bringt.

Hält St. Andrä (30. Nov.) den Schnee zurück
so schenkt er reiches Saatenglück.

Bringt der Christmond Kälte und Schnee,
dann drängt das Winterkorn in die Höh'.

Zu St. Pauli (10. Jan.) Sonnenschein,
bringt viel Korn und Wein.

Säst du im März zu früh,
ist es leicht vergebne Müh.

Getreide wird im April gestürzt und umgedreht,
mit Nutzen auch gleich die Gerste ausgesät.

Um Märzen kalt und Sonnenschein,
wird's eine gute Ernte sein.

St. Gregor (11. März) zeigt dem Bauern an,
ob er im Felde säen kann.

Wie man den Acker bestellt,
so trägt er.

Der Augusti
macht die Bauern lusti.

Wer will schnabeln
muß erst gabeln.

Bei der Ernte viele Hände
bedeutet stets ein schnelles Ende.

Von Michaeli (29. Sept.) bis St. Gall (16. Okt.)
säe auf gar keinen Fall.

Ist's am Josefitag (19. März) hell und klar,
dann folgt ein fruchtbares Jahr.

Stößt der April recht rauh ins Horn,
so steht es gut um Heu und Korn.

Michel (29. Sept.),
Im Juni greif zur Sichel.

Geht der Heuwagen im Dreck,
geht der Kornwagen keck.

Mitte Märzen
soll der Bauer im Feld ’rumsterzen.

Wer den Acker pflegt,
den pflegt der Acker.

Wo der Mistwagen nicht hinkommt,
hört Gottes Segen auf.

Es hilft nicht beten und singen,
du mußt gut ackern und düngen.

Was St. Markus (25. April) an Wetter hält,
so ist’s auch mit der Ernt’ bestellt.

St. Urban (25. Mai) hell und rein,
gibt’s viel Korn und Wein.

Im Juli muß vor Hitze braten,
was im September soll geraten.

Oswaldtag (5. Aug.) muß trocken sein,
sonst wird teuer Korn und Wein.

November im Schnee
bringt viel Korn und Klee.

Richt Äcker im August zu deiner Wintersaat
und sammle Eier ein, soviel dein Vorrat hat.

Wer die Zeit der Saat verschläft,
braucht in der Ernte nicht zu schwitzen.

Heute gemäht,
morgen gesät.

Wie der Kern,
so der Keim.

Wer doppelt baut
muß doppelt düngen.

Kalk, ohne Dünger angewandt,
macht arm den Bauer und sein Land.

Der Frost ist der beste Ackersmann.

Die Walze ist die Mutter des Unkrauts.

Regen im Januar doppelte Keime,
aber nur halbe Frucht in der Scheune.

Tritt Matthäus (21. Sept.) ein,
muß die Saat beendet sein.

Der Roggen will den Himmel sehen.

Wer dick sät und hoch mäht,
braucht die Scheune nicht größer zu machen.

Pflanzen, die in den Boden wachsen,
soll man bei abnehmendem Mond säen,
Pflanzen, die über dem Boden wachsen,
soll man bei zunehmendem Mond säen.

Soll golden sich die Ernte zeigen,
muß alles sich die Hände reichen.

Vor Michael (29. Sept.) sä' mit der halben Hand,
dann aber streu mit der ganzen Hand.

Roggen in den Staub,
Weizen in den Klaub.

Wintersaat,
früh oder spat.

Gut Land braucht halben Samen.

Wenn man sät und die Vögel fliegen auf den Samen,
dann lebt man lange.

Ab Laurentius (5. Sept.)
man pflügen muß.

Wann das Kraut und Gemüse vollkommen wächst,
und zeitlich reiffen Samen bringet, so hoffen
die Bauern ein gut Kornjahr.

(Schweiz, 1705)

Wenn du schlecht pflügst,
wirst du noch schlechter ernten.

Januar hart und rauh,
nützet dem Getreidebau.

Langer Schnee im März
bricht dem Korn das Herz.

Auf St. Urben (25. Mai)
ist das Getreide weder geraten noch verdurben.

Die Ähre beuget sich,
in welcher Körner sind.
Die aufrecht steht,
ist Spreu und fliehet vor dem Wind.

Vor Johannistag (24. Juni)
keine Gerste man loben mag.

Wettert der Juli mit großem Zorn,
bringt er dafür reichlich Korn.

Peter und Paul (29. Juni)
machen dem Korn die Wurzel faul,
und nach vierzehn Tagen
muß es auf den Wagen.

Bleicht der Roggen vor Johann (24. Juni)
fängt die Ernte düster an.

Man soll nicht am siebenten Tag der Woche säen.

Juni feucht und warm
macht den Bauern nicht arm.

Fahr im November deinen Ackermist,
denn wenn er überwintert ist,
dann ist der Mist des Bauern List.

Dezember kalt mit Schnee
gibt Korn in jeder Höh'.

Sommerweizen soll man bei zunehmendem Mond säen.

Hafer einkleiben,
Gerste einstäuben.

Wo der Mistwagen nicht hinkommt,
kommt der Erntewagen nicht her.

Früh Gras gibt wenig Heu.

Sankt Barnabas (11. Juni)
schneidet das Gras.

Vor Johanni (24. Juni) Heu,
nach Johanni Streu.

Späte Mahd gibt Haufen stolz,
aber Freund, du erntest Holz.

Mäh das Gras ob seiner Güte,
möglichst zu Beginn der Blüte.
Bringst auch weniger du nach Haus,
gleicht der Futterwert es aus.

Viel Heu, wenig Korn.

Im November Wässerung
gibt den Wiesen Besserung.

Den Hanf säe bei zunehmendem Mond, im Fisch
und im Krebs, sonst bekommt er viel Wurzeln
und der Hanfstengel bleibt schwach.

Der Weide schadet nur der Mist,
der anderswo geblieben ist.

Schmilzt der letzte Schnee,
streue deinen Klee.

Die Ernte hat erneut gelehrt,
was gute Bodenpflege wert.

Reichlich Schnee im Januar,
macht Dunget für das ganze Jahr.

Heftige Nordwinde im Februar
vermelden ein fruchtbares Jahr.

Viel Hopfen – viel Roggen im nächsten Jahr.

Wenn's zum Heiligen Abend schön und klar,
sind im nächsten Jahr die Scheunen laar.

Regen Ende Oktober verkündet ein fruchtbares Jahr.

Wind in der Silvesternacht
hat nie Wein und Korn gebracht.

So golden die Sonne im Juli strahlt,
so golden sich der Roggen mahlt.

Regen im Mai
gibt für das ganze Jahr Heu.

April naß und kalt,
gibt Roggen wie einen Wald.

Wenn's am Josefitag (19. März) schön ist,
dann gibt's eine gute Ernte.

Getreide soll man zunehmendem Mond säen.

Willst du Korn bauen, so schaffe erst Wiesen und Futter.

Staubiger März bringt viel Roggen und Weizen.

Später Donner hat die Kraft,
daß er viel Getreide schafft.

Wenn im November Donner rollt,
wird dem Getreide Lob gezollt.

Knarrt im Jänner Eis und Schnee,
gibts zur Ernt' viel Korn und Klee.

Regnet's in die Hopfenstecken,
wird das nächste Bier nicht schmecken.

Friert es nicht im Hornung (Februar) ein,
wird's ein schlechtes Kornjahr sein.

Je zeitiger im April die Schlehe blüht,
um so früher vor Jakobi (25. Juli) die Ernte glüht.

Im Juni wird des Nordwinds Horn
noch nichts verderben an dem Korn.

Von Wald und Flur und allerlei Getier

Zu einem Bauernhof gehört oft auch ein Stück Wald, das besonders in früheren Zeiten für den Bauern sehr wichtig war, weil es ihm nicht nur Brennholz für grimmig kalte Wintermonate, sondern auch Futter und Streu für das Vieh lieferte. Durch seine Abhängigkeit von der Natur lernte er, Tiere und Pflanzen genau zu beobachten und zog aus seinen Erfahrungen nützliche und lebensnotwendige Schlüsse, die uns in unzähligen Sprüchen und Regeln überliefert sind.

An Fabian – Sebastian (20. Jan.)
fängt Baum und Tag zu wachsen an.

Steigt der Saft in die Bäume,
erwachen die Frühlingsträume.

Zu Mariä Verkündigung (25. März)
kommen die Schwalben wiederum.

Im Jänner kannst du schon die Bienenstöcke setzen,
soll Honig und Wachs dich mit reicher Frucht ergötzen.

Wo viel Moos,
ist nicht viel los.

Willst du werden ein Greis,
nimm' einfach Ehrenpreis.

Scheint die Sonne über das Wachs,
dreht sich der Dachs.

Kommt das Gras erst spät in Gang,
wird es dicht und trotzdem lang.

So lange die Frösche schreien vor Georgi (23. Apr.)
so lange schweigen sie darnach.

Steht noch der Buchen Holz im Saft,
wird der Regen stärker als der Sonne Kraft.
Ist es aber starr und fest,
sich große Kälte erwarten läßt.

Wenn die Spinnen große Netze hängen,
geht das Wetter in die Längen.

Im April wächst das Gras ganz still.

Donnert's ins leere Holz,
wird's schneien ins Laub.

Tibertius (15. April) kommt mit Sang und Schall,
mit ihm Kuckuck und Nachtigall.

Das Moos ist der Grastöter.

Ein Bauernhof ohne Wald
ist wie ein Bett ohne Decke.

Je rauher der Hase,
je kälter die Nase.

Viel Krokusblumen,
viel Gras.

Wenn Buchenfrüchte geraten wohl,
Nuß- und Eichbaum hängen voll,
folgt ein harter Winter drauf,
fällt der Schnee zu großem Hauf.

Wenn der Maulwurf nicht wirft in den Jännertagen,
brauchst du über langen Winter nicht klagen.

Soviel Schnee,
soviel Klee.

Holz soll zwischen dem 20. und 30. Januar bei abnehmendem Mond gefällt werden.

Hörst du die Drossel im Hornung (Februar)
schrein und rufen,
nahen des Lenzes Rosse auf schnellen Hufen.

An St. Matthäus (21. Sept.)
fallen die Kastanien haufenweis.

Reif ohne Schnee tut allen Gewächsen weh.

Schöne Eichenblüt' im Mai
bringt ein gutes Jahr herbei.

Grasmückenlied im März,
eh' die Weinstöcke sprießen,
verkündet: Ein gutes Jahr ist verhießen.

Im Mai schießt das Gras, selbst wenn man es mit Holzschlägeln verwehren wollte.

Holz soll man nie in der Saftzeit fällen,
sonst wird es vom Wurm befallen.

Siehst im April du die Falter tanzen,
magst du getrost im Garten pflanzen.

Wächst das Gras im Januar,
wächst es schlecht durchs ganze Jahr.

Im abnehmendem Monat November Bauholtz fällen, am Abend Allerheiligen (1. Nov.) starke Birken und Weydene Knüttel so viel du willst.
(Schweiz, 17. Jahrhundert)

Hängt die Lerche am Himmel lang singend oben
hast du Grund, das Maienwetter zu loben.

Bei Sodbrennen hilft ein Tee aus Breitwegerich.

Im November viel Naß,
auf den Wiesen viel Gras.

Treibt die Eiche vor der Esche,
ist der Sommer eine Wäsche.
Treibt die Esche vor der Eiche,
ist der Sommer eine Bleiche.

Glühn nächtens Johanniswürmchen sehr helle,
ist sicher ein schöner Juni zur Stelle.

Ob der Winter kalt oder warm soll sein,
so gehe am Allerheiligentag (1. Nov.) so fein
in das Gehölz zu einer Buchen,
allda magst du folgendes Zeichen suchen:
Hau einen Span davon und ist er trucken,
so wird ein warmer Winter heranrucken;
ist aber naß der abgehaune Span,
so kommt ein kalter Winter auf den Plan.

Heilkräuter soll man im August bei abnehmendem Mond pflücken.

Wenn Fledermäuse emsig am Abend fliegen,
wird im Juli das gute Wetter siegen.

Ein Aufguß von Schlüsselblumen, in dem man einen Löffel Honig verrührt ist gut gegen Halsweh.

An Fabian und Sebastian (20. Jan.)
muß der Saft in die Bäume gahn.

Will das Laub nicht gern von den Bäumen fallen,
so wird ein kalter Winter erschallen.

Gibt's der Eichenblüte viel,
füllt sich auch des Kornes Stiel.

Führt die Schnecke mit sich ein grünes Blatt,
kommen schöne Augusttage in der Tat.

Ist der Brachmonat (Juni) warm und naß,
gibts viel Korn und noch mehr Gras.

Märzenstaub
bringt Gras und Laub.

Wenn die Schwalben im Herbsting (September) im Land noch bleiben,
gibt's so bald keine kalten Hände zu reiben.

Viele Blumen im April,
wenig Kirschen danach.

Hasen, die springen,
Lerchen, die singen
werden sicher den Frühling bringen.

An Johannis (24. Juni) müssen die Eicheln aus dem Haus,
oder es wird nichts daraus.

Kaut man ein paar frisch gepflückte
Sauerampferblättchen, so ist das gut
für den Magen.

Soll die Gemeind alle vorkehr thun, daß alles Mieschen, Laubrechen, Grasen und Mähen mit Sicheln und Sägessen in den Waldungen unterlassen werde.
(Verordnungen über Äufnung und Besorgung der Wälder, 1785)

Im September soll man junge Birken pflanzen.

Huscht im Weinmond (Oktober) die Haselmaus viel unter Bäumen,
werden Schnee und Eis mit dem
Kommen säumen.

Nach Laurenzi (10. Aug.) Ehr,
wächst das Holz nicht mehr.

Um Heu und Korn wird's schlimmer stehn,
je später wir Blüten am Schlehdorn sehn.

Gibt's viel Tannenzapfen,
so gibt's viel Obst.

Hat der Has ein dichtes Fell,
kümmere dich um Brennholz schnell.

Wenn im Nebelmond (November) noch die Mücken reigen,
wird sich ein milder Winter zeigen.

Wer sein Holz um Christmett fällt,
dem sein Haus wohl zehnfach hält.

Am Mattheistag (24. Feb.) geht der Fuchs 's letztemal übers Eis.
Denn Mattheis bricht's Eis. Hat er keins, so macht er eins.

Palmsonntag im Klee,
Ostern im Schnee.

Macht im Juli die Ameis' groß den Hauf',
folgt ein strenger Winter d'rauf.

St. Kosmas (26. Sept.) und St. Damian
fängt das Laub zu färben an.

Viel Eicheln im September,
viel Schnee im Dezember.

Zu Mariä Geburt (8. Sept.) fliegen die Schwalben furt,
bleiben sie da, ist der Winter nicht nah.

Simon und Judas (28. Okt.)
fegen das Laub in die Gass'.

Gibt es viele Bucheckern,
so ist's ein Hungerjahr.

Leidet man an den Nieren, oder hat Nierensteine,
so sollte man frische oder eingemachte
Preiselbeeren essen.

Grauhäslein im tiefen Dezemberschnee,
labt sich zu Ostern am grünen Klee.

Hängt's Laub in' November rein,
wird der Winter ein langer sein.

Hängt Weihnachten Eis an den Weiden,
kannst du an Ostern Palmen schneiden.

Ist die Krähe nicht mehr weit,
ist zum Säen höchste Zeit.

Aprilflöckchen
bringen Maiglöckchen.

Wenn die Schwalben fischen,
bald Gewitter zischen.

Ein Bienenschwarm im Mai
ist wert ein Fuder Heu.

Grünen am Christtag Feld und Wiesen,
wird sie zu Ostern Frost verschließen.

Am jede Hase geit Gott sein Wase (Grasstück).

(Allgäu)

Maulwurfhaufen soll man bei zunehmendem Mond zerstören und die Löcher offen lassen, dann wandern die Maulwürfe ab.

Viel Holz ist kleiner Reichtum,
kein Holz ist große Armut.

Matthias (24. Feb.) hab' ich lieb,
gibt dem Baum den Trieb.

März in der Blume,
Sommer ohne Tau,
trocknen die Felder
und dörren die Au.

Wenn der September noch donnern kann,
setzen die Bäume viel Blüten an.

Wenn im Mai die Bienen schwärmen,
soll man vor Freude lärmen.

Ist der Oktober kalt und klar,
erfrieren die Raupen für's nächste Jahr.

Gutes Fischjahr –
schlechtes Fruchtjahr.

Bauen im April die Schwalben,
gibt's viel Futter, Küh' und Kalben.

Ist die Spinne träg zum Fangen,
die Wetter bald am Himmel hangen.

Fällt im Wald das Laub sehr schnell,
ist der Winter bald zur Stell.

Fließt im Dezember noch der Birkensaft,
kriegt der Winter keine Kraft.

Wenn die Wachteln fleißig schlagen,
läuten sie von Regentagen.

Wildgänse auf offenem Wasser,
bleibt der Winter ein nasser.

Regnet's am Johanni (24. Juni) sehr,
sind die Haselnüsse leer.

Wie der März in den Wald tritt,
so verläßt er ihn.

Ist der Schnee zwischen Wald und Alpenros'
kommt das Wasser groß.

Eichenbäume soll man nicht neben Nußbäume
pflanzen, sie verdorren sonst.

Wenn der Laubfrosch schreit,
ist der Regen nicht weit.

Bleiben Störche und Reiher noch nach Bartholomä (24. Aug.)
kommt ein Winter, der tut nicht weh.

Wenn die Schwalben das Wasser im Flug berühren,
so ist Regen zu spüren.

Fällt das Laub nicht weit vom Baum,
so folgt ein fruchtbares Jahr.

Holunderblütentee ist ein gutes Heilmittel gegen Kopfschmerzen.

Man soll nicht vor dem siebenten Tag nach dem kürzesten Tag, besonders wenn es der siebte Tag nach Neumond ist, mit der Holzfällung beginnen.

(Plinius, 23–79)

Balzt der Birkhahn bei östlichem Wind,
nahen Stürme und Regen geschwind.

Siehst du den Storch viel waten,
kannst du auf Regen raten,
dann merk das Zeichen noch:
die Mäuse ziehn ins Loch.

Fällt das Laub sehr bald,
wird der Herbst nicht alt.

Fabian (20. Jan.) im Nebelhut,
tut den Bäumen gar nicht gut.

Wenn der Bär an Lichtmeß (2. Feb.) seinen Schatten
sieht,
er auf sechs Wochen in die Höhle wieder flieht.

Will man einen Balkon bauen, so muß man feinjähriges, das heißt, ganz langsam gewachsenes, engringiges Holz verwenden, welches im Dezember geschlagen und ein- bis zwei Jahre lufttrocken und zugedeckt gelagert wurde; so überdauert es viele Jahrhunderte.

Steht das Rotwild im Walde fest,
sucht's vor Wintersnot sein Nest.

Zu wärmen die Luft über'm lenzenden Land,
spaltet Josef (19. März) das Holz für den
Frühlingsbrand.
Maria (25. März) entzündets mit sorglicher Hand.

Der heilige Vit (15. Juni)
bringt die Fliegen mit.

Glatter Pelz beim Wilde,
dann wird der Winter milde.

Siehst du das Korn zu St. Georgen (24. April),
so hoch, daß ein Rab darin geborgen,
dann Bauer freu dich, denn fürwahr,
das gibt ein gut Getreidejahr.

Hört man im Sommer Füchse bellen,
so gibt es guten Wein.

Gibt man ein Stück Weidenrinde in heißes Wasser, läßt es ein wenig ziehen und wäscht sich nachher damit, so ist dies ein sehr gutes Mittel gegen unreine Haut.

Baut Ameis' hohe Haufen auf,
folgt lang' und harter Wind drauf.

Stellen Blätter an den Eichen schon im Mai sich ein,
gedeiht im Lande Korn und Wein.

Wenn der Froschlaich im Lenz tief im Wasser war,
auf trockenen Sommer deutet das;
liegt er flach nur oder am Ufer gar,
dann wird der Sommer besonders naß.

Wird erst der Boden warm und feucht,
tut sich das Grasl beim Aufgehen leicht.

Hau dein Holz, wenn der Kuckuck schreit,
so hast du im Winter dürre Scheit.

Sind abends über Wies' und Fluß Nebel zu schauen,
wird die Luft schön anhaltend Wetter brauen.

Wenn Spinnen fleißig weben im Freien,
läßt sich dauernd schön Wetter prophezeien.
Weben sie nicht, wird's Wetter sich wenden.
Weben sie bei Regen, wird er bald enden.

Am Donnerstag trägt kein Vogel zu Neste.

Sonnenjahr – Wonnenjahr,
nasse Jäger – trockne Fischer.

Weihnachten wächst der Tag,
so weit ein Mücklein gehen mag.
Neujahr wächst der Tag,
so weit der Haushahn schreiten mag.
Um Dreikönig wächst der Tag,
so weit das Hirschlein springen mag.

Z' Barthlmei (24. Aug.)
san d' Haselnuß frei.

(Bayern)

Von Lucae (18. Okt.) bis Sankt Simons Tage (28. Okt.)
zerstört der Raupennester Plage.

St. Hedwig (15. Okt.) und St. Gall (16. Okt.)
schweigt der Vögel Schall.

Geht der Hirsch in die Brunft,
so säe Korn mit Vernunft.

St. Gorgon (9. Sept.)
treibt die Lerchen davon.

Wenn die Kröten fleißig laufen,
wollen sie bald Regen saufen.

Wenn die Ameisen sich verkriechen,
werden wir Regen kriegen.

Kiebitz tief und Schwalbe hoch,
bleibet trocken Wetter noch.

Um Mariä Himmelfahrt (15. Aug.), das wisse,
gibt's die ersten Nüsse.

Das beste Bauholz wächst auf kiesigem oder steinigem Boden, weil es dort langsam und feinjährig wächst, so in Auen und Bergwäldern.

Je fetter die Vögel und Dachse sind,
um so kälter erscheint das Christuskind.

Ist Jakobus (25. Juli) am Ort,
ziehn die Störche bald fort.

Um Walpurgis (30. April)
fährt der Saft in die Birken.

Ist die Hechtsleber der Galle zu, breit, vorn spitz,
nimmt harter Winter lange Zeit in Besitz.

Entsteigt der Rauch gefror'nen Flüssen,
so ist auf lange Kälte zu schließen.

An schönen Herbst und gelinden Winter glaubt,
werden die Bäume schon im September entlaubt.
Doch bleibt das Laub bis zum September hinein,
wird strenger Winter kein kurzer sein.

Wenn der Weißdorn blüht,
hören die Hechte auf zu laichen.

Wenn Agnes (21. Jan.) und Vincentius (22. Jan.) kommen, wird neuer Saft im Baum vernommen.

Im Februar muß die Lerche auf die Heid',
mag's ihr lieb sein oder leid.

Pilze sollte man bei zunehmendem Mond sammeln, sie schmecken dann am besten.

Scherzregeln

Daß mit Humor alles besser geht, soll die nachfolgende kleine Sammlung nicht ganz ernst zu nehmender Bauernregeln beweisen, die oft nur um des lieben Reimens und des Lachens willen entstanden sind. Und wer kann es den Bauern verdenken? Wer das ganze Jahr hart arbeitet, hat ein herzhaftes Lachen redlich verdient.

Prügelt zu Petri (1. Aug.) der Jäger den Hund,
so tut er's mit oder ohne Grund.

Jetzat san Fasttag,
jetzat hat's Maul Rasttag.

(Bayern)

Geborgt wird nur einmal im Jahr,
und zwar am 30. Februar.

Gibt's Schnee und Eis im Januar,
so fängt mit Kälte an das Jahr.

Macht's den Menschen in den Hundstagen
(23. Juli–24. Aug.) heiß,
so geraten sie leicht in den großen Schweiß.

Kommt der Mann im Rausch nach Haus,
bricht ein Donnerwetter aus.

Seit d'Baure die zehe Gebot numme haltet,
halt unser Hergott d'Weatterregle numme.

(Allgäu)

Stellt sich im April Regen ein,
so hat man keinen Sonnenschein.

Soll die Ehe lang bestahn,
sei blind das Weib und taub der Mann.

As de Mund, so is ok de Salat,
Wie der Mund ist, ist auch der Salat,
sä de Esel, as he Disteln frat.
sagte der Esel, als er Disteln fraß.

(Schleswig-Holstein)

Lustig ist die Fasennacht,
Wenn mei Mutter Küchel bacht,
Wenn sie aber keine bacht,
Na pfeif' i auf die Fasennacht.

(Tirol)

Wenn's schneit und es kommt noch Regen dazu,
dann gibt's im Jenner nasse Schuh.

Kartoffeln schmecken erst gut,
wenn sie vorher die Schweine gefressen haben.

Dies Haus steht in St. Florians (4. Mai) Hand,
verbrennt's, ist's seine eigene Schand.

Will der Mann die Kehle feuchten,
gibt es starkes Wetterleuchten.

Auf dieses kannst du zählen zu jeder Zeit,
daß es am 30. Februar nicht schneit.

Wälzt das Schwein sich in den Lachen,
so brauchst du's ihm nicht nachzumachen.

Das Bautpaar gehet nun nach Haus,
deshalb ist d'Feier no net aus.
Es geht nur er und sie ins Bett,
wir alle aber gengan net.
Wir feiern heit no länger hier,
die zwoa, de ham ihr eigns Pläsier.
Die ham jetzt wirkli größre Sorg'n,
die müssen für an Sohn jetzt sorg'n.
Am besten fangens heut schon an,
dafür sans ja auch Frau und Mann.
Und unser Wunsch begleit's nach Haus,
damit die Sach' recht schön fallt aus.

(Bayern)

Wird der Tag der Nacht gleichgemacht,
bleibt der Tag doch heller als die Nacht.

Im Frühlinge spazierengehen,
im Sommer Fische fangen,
im Herbst den Vögeln stellen,
verdirbt manchen Junggesellen.

Gut Wetter kommt über Nacht,
hat's im Sommer nie weit gebracht.

Sind die Kartoffeln gut geraten,
kann man sie sieden oder braten.

Wenn am Dach hängen gefrorene Spitzen,
dann ist gut beim Ofen sitzen.

Schmerzt zu Jakobi (25. Juli) dich das Bein,
so wird's das rechte oder linke sein.

Eigene Frucht
hat Wucht.

Wer länger slöppt as sieben Stund,
Wer länger schläft als sieben Stund'
is noch fuler as en Scheperhund.
ist noch fauler als ein Schäferhund.

(Schleswig-Holstein)

Fällt Juniregen in den Roggen,
so bleibt der Weizen auch nicht trocken.

Stellt sich ein Huhn früh gackernd ein,
gibt's Regen oder Sonnenschein.

Pauli bekehr dich (25. Jan.),
halb Winter scher dich.

Lichtmeß (2. Febr.) verlängert den Tag um eine Stunde,
für Menschen wie für Hunde.

Frühregen und Brauttränen
dauern so lang' wies Gähnen.

Stellt sich im März schon Donner ein,
so muß das ein Gewitter sein.

Den ersten April mußt überstehn,
dann kann dir nur noch Guts geschehn.

An Lichtmeß (2. Febr.) muß die Lerche singen
und sollt ihr auch der Kopf zerspringen.

Auf März folgt stets April,
das ist Kalenderwill.

Philippi Jakobi (1. Mai)
Viel friß i, wenig hob i.

Vitus (15. Juni) spricht: Sä Lein,
oder laß es sein.

Nicht jedes Froschgeschrei
zieht Regen herbei.

Wer im April will Kirschen pflücken,
der ist nicht schwer dorthin zu schicken.

Dreht mehrmals sich der Wetterhahn,
so zeigt er Sturm und Regen an.

Lieber reich und gesund,
als arm und krank.

Wenn es will Abend sein,
verliert die Sonne Hitz und Schein.

Wenn die Henne zu Weihnacht zwei Eier gebiert,
so hat sie sich offenbar geirrt.

Geraten sehr wohl die Hopfen und Reben,
so wird's in der Folge viel Räusche geben.

Ihr lieben Brautleut habet acht,
die ihr im Junius Hochzeit macht,
ihr braucht die Wiege im Märzen,
das kommt vom lieben und scherzen.

Für a Trumm Fleisch
gab i's ganze Fasten her.

Gestern, morgen, heut
Krapfen in alle Ewigkeit.

Ich wünsche, Liebchen, froh und frei
Mich dir, dich mir zum Osterei!

So der Storch dir im Maien ein Kind beschert,
die Familie wird um ein Haupt vermehrt.

Wie der Hirsch in die Brunft tritt,
tritt er auch wieder heraus.

Scheint die Sonne auf den nassen Busch,
so kommt bald ein anderer Husch.

Schönes Wetter bringt Gewinn,
merk dir das in deinem Sinn.

Wenn zu St. Lukas (18. Okt.) der Gänserich schreit,
so hat's noch zehn Wochen bis zur Weihnachtszeit.

Wachsen die Nächte schon wieder auf Erden,
so viel kürzer die Tage werden.

Wenn die Kartoffeln geraten sind,
so mache sie über dem Feuer lind.

Wenn's donnert in Bern am Pankratiustag (12. Mai)
man auch in Bümpliz es hören mag.

(Schweiz)

Bauen ist eine Lust,
hätt ich gewußt,
was es kust,
ich hätt was gehust!

Trink ich Wasser, werd ich faul,
trink ich Dünnbier, zieh ichs Maul.
Trink ich Bockbier, werd ich voll,
nun weiß ich, was ich trinken soll!

Wenn zu Martini (11. Nov.) der Schornstein raucht,
wird in der Küche Holz gebraucht.

Wenn es donnert und blitzt,
kommt ein Gewitter angeflitzt.

Silvesternacht düster oder klar,
deutet auf ein neues Jahr.

Nimm keu Arme, dia frißt so viel wia a Reiche.

(Schwaben)

Haben ist besser als kriegen.

Nudeln raus, Kletzen raus,
oder wir haun a Loch ins Haus!

(Tirol)

Op de Welt un vun de Welt kost Geld.
Auf der Welt und von der Welt kostet Geld.

(Schleswig-Holstein)

S'Deandl geht vom Buam net weg,
Das Mädchen geht vom Buben nicht weg,
warum soll's a wega geh', warum a,
warum soll es auch weggehen, warum auch?
es is im Winter grad als wia im Summa.
Es ist im Winter genauso wie im Sommer.

Besser eine Laus auf dem Kraut
wie überhaupt kein Fleisch.

Wird es kalt, kommt der Winter bald.

Schneit es schon zu Nikolo (6. Dez.)
ist der Winter auch schon do.

Gefriert's am Silvester zu Berg und Tal,
geschieht es dies Jahr zum letztenmal.

Kräht der Hahn auf dem Mist,
ändert sich's Wetter, oder's bleibt wie's ist.

Lieber sein Weib auf der Bahr',
als Lichtmeß schön und klar.

Unser Sommer ist nur ein grün angestrichener Winter... das einzige reife Obst, das wir haben, sind gebratene Äpfel.

Heinrich Heine

Bauern und Schweine
haben immer etwas zu grunzen.

Bauern können alle Plagen,
aber keinen Durst vertragen.

Eine Geliebte ist Milch, eine Braut Butter,
eine Ehefrau Käse.

Der dümmste Bauer hat die größten Kartoffeln.

Kuhverrecken – großer Schrecken,
Weibersterben – kein Verderben.

Ein guter Bauer weiß genau,
zuerst das Pferd und dann die Frau.

Hirsebrei mit brauner Butter
ist das beste Bauernfutter.

Wer mit Hunden schlafen geht,
steht mit Flöhen auf.

Mit sechzig Jahren muß man das Hosentürl zu-
und das Kellertürl aufsperren.

Wetterregeln rund um's Jahr

Von altersher mußte der Bauer Wetter und Witterung besondere Aufmerksamkeit schenken, denn seine Arbeit wurde wesentlich von Sonne und Mond, von Regen und Schnee, Frost und Wind beeinflußt. Die aus der engen Beziehung mit der Natur entstandenen Regeln, meist in Reime gefaßt, damit man sie sich besser merkt, haben sehr oft auch heute noch eine erstaunliche Gültigkeit, obwohl man sich lieber auf die wissenschaftlich fundierten Aussagen der Meteorologen verläßt.

Weil die Namenstage der Heiligen und die kirchlichen Festtage den Menschen früher viel vertrauter waren als heute, wurden sie in den alten Kalendern sehr oft anstelle des Datums genannt. Auch die *Lostage*, bestimmte Tage im Jahr, an denen der Bauer glaubte, das Wetter vorausbestimmen zu können, sind meist Heiligen-Feiertage.

Januar

Auch Jänner, Hartung, Hartmond, Laßmonat,
Dreikönigsmonat oder Eismonat genannt.

Die Neujahrsnacht still und klar,
deutete auf ein gutes Jahr.

Am neuen Jahrestag wächst der Tag,
soweit der Haushahn schreiten mag.

Ist der 1. Januar ein Sonntag,
dann wird das Jahr gut.

Im Jänner werden die Tage länger
und der Winter strenger.

Morgenrot am ersten Tag
Unwetter bringt und große Plag.

Wie das Wetter zu Makarius (2. Jan.) war,
so wird's auch im September, trüb oder klar.

Januar warm, daß Gott erbarm'!

Stellen sich am Anfang Gewitter ein,
wird's bis Ende so beschaffen sein.

Wenn der Tag fängt an zu langen,
kommt erst die rechte Kält' gegangen.

Heilig Dreikönig (6. Jan.) sonnig und still,
Winter vor Ostern nicht weichen will.

Wie sich das Wetter bis Dreikönig (6. Jan.) hält,
so ist das nächste Jahr bestellt.

Wieviel Regentropfen im Jänner,
soviel Schneeflocken im Mai.

Wenn der Frost im Jänner nicht kommen will,
kommt er sicher im April.

Erhard (8. Jan.) mit der Hack'
steckt die Weihnachtstäg' in den Sack.

St. Julian (9. Jan.) bricht das Eis,
bricht er es nicht, umarmt er es.

Ist der Jänner kalt und weiß
wird der Sommer sicher heiß.

Große Kält' am Antonitag (17. Jan.),
große Hitz' am Lorenzitag (10. Aug.)
doch keine lange dauern mag.

Je frostiger der Jänner,
je freundlicher das ganze Jahr.

Fabian und Sebastian (20. Jan.)
fängt der rechte Winter an.

St. Vinzenz (22. Jan.) heller Tag,
verheißt ein gutes Jahr.

Pauli Bekehr (25. Jan.),
der halbe Winter hin, der halbe her.

Ist Pauli Bekehrung (25. Jan.) hell und klar,
so hofft man auf ein gutes Jahr,
hat er Wind, so regnet's geschwind.

St. Paulus (25. Jan.) klar, bringt gutes Jahr,
so er bringt Wind, kommt Krieg geschwind.

Februar

Auch Feber, Hornung, Narrenmond, Thaumonat
oder Lichtmeßmonat genannt.

Wenn der Nordwind im Februar nicht will,
so kommt er sicher im April.

Ist's an Lichtmeß (2. Feb.) hell und rein,
wird ein langer Winter sein.
Wenn es aber stürmt und schneit,
ist der Frühling nicht mehr weit.

Lichtmeß (2. Feb.) trüb,
ist dem Bauern lieb.

Der Februar ist ein eig'ner Kauz,
wenn's nicht g'friert, dann taut's.

Scheint die Sonn' an Lichtmeß (2. Feb.) hell,
kommt noch viel Schnee zur Stell.

Kommt der Lichtmeßtag (2. Feb.) herbei,
ist der Winter erst halb vorbei.

Was der Hornung nicht will,
das nimmt der April.

Lichtmeß (2. Feb.) im Schnee,
Palmsonntag im Klee.

Viel Regen im Februar,
viel Regen im ganzen Jahr.

Wenn Lichtmeß (2. Feb.) hell ist und klar,
gibt es zwei Winter in diesem Jahr.

Im Hornung Schnee und Eis,
macht den Sommer heiß.

Der heilige Blasius (3. Feb.)
stößt dem Winter die Hörner ab.

Wenn's der Hornung gnädig macht,
bringt der Lenz den Frost bei Nacht.

St. Dorothee (6. Feb.)
bringt meistens Schnee.

Ist's an Apollonia (9. Feb.) feucht,
der Winter meist sehr spät entweicht.

Ist's am Valentin (14. Feb.) noch weiß,
blüht zu Ostern schon das Reis.

Wie das Wetter in den Fasnachttagen,
mag es sein auch in den Ostertagen.

Die Nacht vor Petri Stuhlfeier (22. Feb.) zeigt an,
was wir vierzig Tag für Wetter han.

St. Mattheis (24. Feb.)
wirft einen heißen Stein ins Eis.

Hat Mattheis (24. Feb.) sei' Hack' verlor'n,
wird erst St. Joseph (19. März) das Eis durchbohr'n.

Alexander (26. Feb.) und Leander (28. Feb.)
suchen Märzluft miteinander.

Ist St. Roman (28. Feb.) hell und klar,
deutets auf ein gutes Jahr.

März

Auch Lenzing, Lenzmond, Lenzmonat, Frühlingsmonat oder Fastenmonat genannt.

Donner im März,
Frost im April.

Kunigund (3. März)
macht warm von unt'.

Märzenwind und Aprilregen
verheißen im Mai großen Segen.

Wenn's donnert um Kunigund (3. März),
treibt's der Winter lange bunt.

Was ein richtiger März ist,
soll eingehen wie ein Löw'
und ausgehen wie ein Lampl.

Wenn kurz vor Vollmond der Sonn' Aufgang neblig war,
wird's Wetter in den nächsten Tagen warm und klar.

Wie die vierzig Märtyrer (10. März) das Wetter gestalten,
so wird es noch vierzig Tage halten.

Wieviel Nebel im März,
soviel Güsse jahrüber ohne Scherz.

Wenn es am Märtyrertag (10. März) recht viel Frost gibt,
so bleibt es so noch vierzig Tage.

Taut's im März nach Sommerart,
bekommt der Lenz einen weißen Bart.

Rauhfrost auf der Flur,
milder Witterung Spur.

St. Gregor (12. März) und das Kreuze macht
den Tag so lang als wie die Nacht.

Abendröte bei West,
gibt dem Frost den Rest.

An Gregori (12. März)
sieht man Schlechtwetter gern.

Friert's an Gertrud (17. März)
der Winter noch vierzehn Tage nicht ruht.

Ist Gertrud (17. März) sonnig,
wird's dem Gärtner wonnig.

Sieht St. Gertrud (17. März) Eis,
wird das ganze Jahr nicht heiß.

Wenn amal Josefi (19. März) is,
endet der Winter g'wiß.

Ist's am Josefstag (19. März) schön,
kann's nur gut weitergehn.

Um Mariä Verkündung (25. März) klar,
ist Segen für das ganze Jahr.

Schöner Verkündigungsmorgen (25. März)
befreit den Landmann von vielen Sorgen.

Ist an St. Rupert (27. März) der Himmel rein,
so wird er's auch im Juni sein.

April

Auch Ostermond, Ostermonat oder
Keimmonat genannt.

Hat der April mehr Regen als Sonnenschein,
wird's im Juni trocken sein.

Bringt Genoveva (2. April) uns Sturm und Wind,
so ist Waltraud (9. April) uns oft gelind.

Stößt der April recht rauh ins Horn,
so steht es gut um Heu und Korn.

Ist der erste Aprilsonntag naß,
alle Sonntag bis Pfingsten findet sich das.

Palmsonntag im Klee,
Ostern im Schnee.

Ist der April schön und rein,
wird der Mai dann wilder sein.

Bringt der April viel Regen,
so deutet es auf Segen.

Ist Ambrosius (4. April) schön und rein,
wird St. Florian (4. Mai) dann milder sein.

Wenn es am Ostersonntag regnet, so soll es mehr Sonntage regnen, als die Sonne scheinen.

Trockener April
ist nicht nach des Bauern Will.

Ist der Gründonnerstag weiß,
wird der Sommer sicher heiß.

Wenn es am Karfreitag regnet,
ist das ganze Jahr gesegnet.

Der April kann rasen,
nur der Mai hält Maßen.

Der April hat seine Faxn,
des isch a alter Huat.
's Wetter macht er, wia er will
und für uns nit alm immer guat.

(Tirol)

April windig und trocken,
macht alles Wachstum stocken.

Regnet's vorm Georgitag (23. April),
währt noch lang
des Segens Plag.

Vor Georgi (23. April) trocken,
nach Georgi naß.

Kommt St. Georg (23. April) geritten
auf einem Schimmel,
so kommt ein gutes Frühjahr
vom Himmel.

Wenn es friert auf St. Fidelis (24. April)
so friert es noch fünfzehnmal.

So lange es vor St. Markus (25. April) warm ist,
so lange ist es nachher kalt.

Friert's am Tag von St. Vital (28. April),
friert es wohl noch fünfzehnmal.

Regen auf Walpurgisnacht (30. April)
hat immer ein gutes Jahr gebracht.

Mai

Auch Wonnemond, Wonnemonat, Walpurgismonat,
Drei-Melcher-Monat oder Marienmonat genannt.

1. Mai, Reif oder Naß,
macht dem Bauern Spaß.

Maientau macht grüne Au.
Maienfröste, unnütze Gäste.

Donnert es im Mai viel,
hat der Bauer gewonnen Spiel.

Fällt am 1. Mai Reif,
hofft man auf ein gutes Jahr.

Ein rechter Mai fürwahr,
das ist der Schlüssel zum ganzen Jahr.

Wie's Wetter am Kreuzauffindungstag (3. Mai),
bis Himmelfahrt es bleiben mag.

Nordwind im Mai,
bringt Trockenheit herbei.

Der Mai, zum Wonnemonat erkoren,
hat den Reif noch hinter den Ohren.

Ein Gewitter im Mai,
singt der Bauer juchhei!

Regen am Phillip- und Jakobitag (11. Mai)
deutet an ein fruchtbares Jahr.

Der heilige Mamerz (11. Mai)
hat von Eis ein Herz.

Pankratius (12. Mai) hält den Nacken steif,
sein Harnisch klirrt von Frost und Reif.

Servatius (13. Mai) voller Ostwind ist,
hat schon manch' Blümlein totgeküßt.

Servaz (13. Mai) muß vorüber sein,
willst du vor Nachtfrost sicher sein.

Vor Servazius kein Sommer,
nach Servazius (13. Mai) kein Frost.

Die drei Azi (12. 13. 14. Mai)
sind drei rechte Bazi.

Pankraz (12. Mai), Servaz (13. Mai), Bonifaz (14. Mai)
sind meist kalt und naß.

Pankrazi, Servazi, Bonifazi (12. 13. 14. Mai)
sind drei frostige Stazi,
und zum Schluß fehlt nie
die kalte Sophie (15. Mai).

Sophia (15. Mai) man die Kalte nennt,
weil sie gern kaltes Wetter bringt.

Heiliger Johann Nepomuk (16. Mai)
treib' uns die Wassergüss zurück.

Wie das Wetter am Himmelfahrtstag,
so auch der ganze Herbst sein mag.

Wie sich's an St. Urban (25. Mai) verhält,
so ist's noch zwanzig Tage bestellt.

Wenn St. Urban (25. Mai) kein gut Wetter geit,
wird er in die Pfützen geleit.

Juni

Auch Brachmond, Brachmonat, Brachert, Rosenmond,
Johannismonat, Lang und Auswart genannt.

Juniregen bringt reichen Segen.

Schönes Wetter auf Fortunat (1. Juni)
ein gutes Jahr zu bedeuten hat.

Wie soll das Juniwetter sein?
Schön warm, mit Regen und Sonnenschein.

Ist's am Fortunatstag (1. Juni) klar,
so verheißt's ein gutes Jahr.

Menschen und Juniwind
ändern sich geschwind.

Regnets am Medardustag (8. Juni)
regnet's vierzig Tag danach.

Viermal Juniregen,
bringt zwölffach Segen.

Wie's wittert am Medardustag (8. Juni),
bleibt es vier Wochen lang danach.

Wenn naß und kalt der Juni war,
verdirbt er meist das ganze Jahr.

Macht Medardus (8. Juni) feucht und naß,
regnets ohne Unterlaß.
Schier dasselbe gelten mag,
vom St. Margarethen Tag (10. Juni).

Juni viel Donner,
verkündet trüben Sommer.

Hat Margret (10. Juni) keinen Sonnenschein,
dann kommt das Heu nie trocken ein.

Nordwind der im Juni weht,
nicht im besten Rufe steht.
Kommt er an mit kaltem Gruß,
bald Gewitter folgen muß.

Barnabas (11. Juni)
macht Bäum' und Dächer naß.

St. Barnabas (11. Juni) macht, wenn er günstig ist,
wieder gut, was verdorben ist.

Wenn es zu Pfingsten regnet,
regnet es sieben Sonntage hintereinander.

Regnets am Antoniustag (13. Juni),
wird's Wetter später, wie es mag.

Wenn St. Anton (13. Juni) gut Wetter lacht,
St. Peter (29. Juni) viel in Wasser macht.

St. Vit (15. Juni)
bringt Regen und Fliegen mit.

Johannisregen (24. Juni)
bringt keinen Segen.

Vor Johanni (24. Juni) bitt' um Regen,
nachher kommt er ungelegen.

Regnet's am Siebenschläfertag (27. Juni),
der Regen sieben Wochen nicht weichen mag.

Ist St. Peter und Pauli (29. Juni) klar,
gibt's ein gutes Jahr.

Juli

Auch Heuet, Heumond, Heumonat oder
Apostelmonat genannt.

Juli heiß,
lohnt Müh' und Schweiß.

Regnet's am Tag unsrer lieben Frauen (2. Juli)
da sie das Gebirg tät beschauen,
so wird sich das Regenwetter mehren
und vierzig Tag' nacheinander währen.

Wenn's nicht donnert und blitzt,
wenn der Schnitter nicht schwitzt,
und der Regen dauert lang,
wird's dem Bauern angst und bang.

Fällt Regen am Mariä Heimsuchungstag (2. Juli),
zehn Tage lang es währen mag.

Wie der Juli,
so der nächste Januar.

Regnet's am Siebenbrüdertag (10. Juli)
gibt es sieben Wochen Regenplag.

Schöne Julitage,
gutes Jahr.

Margretenregen (13. Juli)
bringt keinen Segen.

Wie das Wetter an St. Margaret (13. Juli)
dasselbe vier Wochen steht.

Bringt der Juli heiße Glut,
so gerät der September gut.

Regen am Margaretentag (13. Juli)
bringt viel Plag'.

Hat St. Vinzenz (19. Juli) starken Regen,
kommt das allen ungelegen.

Regnet's am St. Magdalenentag (22. Juli),
folgt gewiß mehr Regen nach.

Magdalena (22. Juli) weint um ihren Herrn,
drum regnet's an ihrem Tage gern.

Klar muß Apollinaris (23. Juli) sein,
soll sich der Bauer freun.

Hundstage (Beginn 23. Juli) hell und klar,
zeigen an ein gutes Jahr.
Wenn Regen sie bereiten,
kommen nicht die besten Zeiten.

Jakobus (25. Juli) in seiner hellen Gestalt
macht den Winter kalt.

Hundert Tage nach dem ersten Reif nach Jakobus (25. Juli) schneit es ein.

Jakobi (25. Juli) klar und rein,
wird das Christfest frostig sein.

Jakobi (25. Juli) ohne Regen
deutet auf einen strengen Winter hin.

Ist St. Anna (26. Juli) erst vorbei,
kommt der Morgen kühl herbei.

Wie das Wetter an Ignaz (31. Juli) ist,
so stellt sich auch der Januar ein.

August

Auch Ernting, Erntemonat, Erntemond
oder Wallfahrtsmonat genannt.

Anfang August heiß,
Winter lang und weiß.

Ist's von Petrus (1. Aug.) bis Laurentius (10. Aug.) heiß,
bleibt der Winter lange weiß.

Nordwinde im August
bringen beständiges Wetter.

Eine Portiunkulawoche (2. Aug.) ist immer gut,
entweder die vor oder die nach Portiunkula.

Wie das Wetter am ersten Dienstag im August,
so bleibt es den ganzen Monat.

Hitze an St. Dominikus (4. Aug.)
ein strenger Winter kommen muß.

Häufiger starker Tau,
hält den Himmel blau.

Laurenzi (10. Aug.) gut,
einen schönen Herbst verheißen tut.

Wenn es blitzt von Westen her,
deutets auf Gewitter schwer.
Kommt von Norden her der Blitz,
deutet es auf große Hitz.

Wenn's an Laurenzi (10. Aug.) und Bartholomä (24. Aug.) schön ist, so wird's auch im Herbst so.

Wenn Wind kommt vor Regen,
ist wenig dran gelegen.
Kommt aber Regen vor Wind,
dann zieh die Segel ein geschwind.

Wie das Wetter an Hippolyt (13. Aug.),
so es mehrere Täg geschieht.

Wenn der Wind der Sonne folgt,
so bleibt das Wetter tagelang gut.

Wie das Wetter zu Kassian (13. Aug.)
hält es viele Tage an.

Viel Sternschnuppen künden Regen und Wind.

Hat uns're Frau (15. Aug.) gut Wetter,
wenn sie zum Himmel fährt,
sie uns schöne Tag beschert.

Kein Tau am Morgen zeiget an,
daß bald ein Regen kommen kann.

Wenn's zu Joachim (16. Aug.) regnet,
dann folgt ein warmer Winter.

Um Bartholomä (24. Aug.)
schaut der Schnee übers Joch he'.

Morgenrot,
regnet's auf das Vesperbrot.

Gewitter um Bartholomä (24. Aug.)
bringen Hagel und Schnee.

Am Augustin (28. Aug.) ziehen die Wetter dahin.

St. Raimund (31. Aug.) treibt die Wetter aus.

September

Auch Herbsting, Scheiding, Herbstmond, Engelmonat
oder Herbstmonat genannt.

Septemberwetter warm und klar,
verheißt ein gutes nächstes Jahr.

Wie an Sankt Ägidius (1. Sept.)
vier Wochen das Wetter bleiben muß.

Wie im September tritt der Neumond ein,
so wird das Wetter den Herbst durch sein.

Ist's an St. Ägidi (1. Sept.) rein,
wird's so bis Michaeli (29. Sept.) sein.

Nach Septembergewittern
wird man im Hornung
vor Schnee und Kälte zittern.

Kommt Ägidius (1. Sept.) mit dem Krüglein an,
zeig einen nassen Herbst dies an.

September warm, Oktober kalt.

Lorenz (5. Sept.) im Sonnenschein,
wird der Herbst gesegnet sein.

Ist der Herbsting reich an Regen,
gereicht das Naß der Saat zum Segen.

Ist Regine (7. Sept.) warm und wonnig,
bleibt das Wetter lange sonnig.

Wie's Wetter an Mariä Geburt (8. Sept.)
so bleibt es noch vier Wochen furt.

Warmer Herbst,
langer Winter.

Wenn's zu Mariä Geburt (8. Sept.) nicht regnet,
bleibt des Bauern Tisch gesegnet.

Der Nebel, wenn er steigend sich erhält,
bringt Regen, doch klar Wetter, wenn er fällt.

Bringt St. Gorgon (9. Sept.) Regen,
folgt ein Herbst mit bösen Wegen.

Wenn's an Protus (11. Sept.) nicht näßt,
ein dürrer Herbst sich erwarten läßt.

St. Ludmilla (16. Sept.) das fromme Kind,
bringt gern Regen und Wind.

Auf gut Wetter vertrau,
beginnt der Tag nebelgrau.

Trocken wird das Frühjahr sein,
ist St. Lambert (17. Sept.) klar und rein.

Wie's Matthäus (21. Sept.) treibt,
es vier Wochen bleibt.

Zeigt sich klar Mauritius (22. Sept.),
viele Stürm' er bringen muß.

Nebelt's an St. Kleophas (25. Sept.),
wird der ganze Winter naß.

Regnet's am Michaelitag (29. Sept.),
sanft der Winter werden mag.

Oktober

Auch Weinmond, Weinmonat, Gilbhart
oder Kirchweihmonat genannt.

Bringt der Oktober viel Frost und Wind,
werden der Jänner und Feber gelind.

Weht der Wind an Leodegar (2. Okt.),
kündet er an ein fruchtbar Jahr.

Ist im Oktober das Wetter hell,
bringt es her den Winter schnell.
Schneit's im Oktober gleich,
dann wird der Winter weich.

Regnet's an St. Dionys (9. Okt.)
so regnet's den ganzen Winter gewiß.

Oktobergewitter sagen beständig,
der künftige Winter sei wetterwendig.

Ist St. Gallus (16. Okt.) naß,
ist's für den Winter kein Spaß.

Ein Oktoberhimmel voll Stern'
hat warme Öfen gern.

St. Ursula (21. Okt.) Beginn
zeigt auf den Winter hin.

Ist Oktober warm und fein,
kommt ein scharfer Winter hinterdrein.
Ist er aber naß und kühl,
mild der Winter werden will.

Wenn's St. Severin (23. Okt.) gefällt,
bringt er mit die erste Kält.

Zu Ende Oktober Regen,
bringt ein fruchtbar Jahr zuwegen.

Simon und Juda (28. Okt.) die zwei,
führen oft Schnee herbei.

Wenn abends dicker Nebel liegt,
dann das schöne Wetter siegt.

Wenn Simon und Judas (28. Okt.) vorbei,
rücket der Winter herbei.

St. Wolfgang (31. Okt.) Regen
verspricht ein Jahr voll Segen.

Gießt St. Gallus (16. Okt.) wie ein Faß,
ist der nächste Sommer naß.
Ist er trocken,
folgt vom Sommer noch ein Brocken.

Im Oktober der Nebel viel,
bringt der Winter Flockenspiel.

Regnet's am St. Gallustag (16. Okt.) nicht,
es im Frühling an Regen gebricht.

Oktoberwetter zeigt stets an,
wie's künftig um den März wird stahn.

Ist St. Gallus (16. Okt.) nicht trocken,
folgt ein Sommer auf nassen Socken.

Wie im Oktober die Regen hausen,
so im Dezember die Stürme brausen.

Ist St. Lukas (18. Okt.) mild und warm,
kommt ein Winter, daß Gott erbarm.

Gewitter im Oktober künden,
daß du wirst nassen Winter finden.

November

Auch Nebelung, Nebelmond, Nebelmonat,
Wolfsmonat, Totenmonat oder
Allerheiligenmonat genannt.

Hat Allerheiligen (1. Nov.) Sonnenschein,
wird Martini (11. Nov.) um so kälter sein.

November tritt oft hart herein,
muß nicht viel dahinter sein.

Fliegen im November noch Sommerfäden,
wirst du lang' nicht vom Frühling reden.

An Allerheiligen (1. Nov.)
sitzt der Winter auf den Zweigen.

Wenn's im Allerheiligenmonat schneit,
halte deinen Pelz bereit.

Zu Allerheiligen (1. Nov.) Sonnenschein,
tritt der Nachsommer ein.

Ist der November kalt und klar,
wird trüb und mild der Januar.

Um Allerseelen (2. Nov.) kalt und klar,
macht auf Weihnacht alles starr.

Wenn's im November donnern tut,
wird das nächste Jahr recht gut.

Bringt St. Martin (11. Nov.) Sonnenschein,
tritt ein kalter Winter ein.

Martinstag (11. Nov.) trüb,
macht den Winter lind und lieb,
ist er hell,
so macht er das Wetter zur Schell.

November naß,
bringt jedem was.

Hat Martini (11. Nov.) weißen Bart,
wird der Winter lang und hart.

Schneit es über Martini (11. Nov.) ein,
so wird eine weiße Weihnacht sein.

Friert im November früh das Wasser,
dann wird der Jänner um so nasser.

St. Elisabeth (19. Nov.) sagt's an,
was der Winter für ein Mann.

Novemberdonner
schafft guten Sommer.

Mariä Opferung (21. Nov.) klar und hell,
macht den Winter streng ohne Fehl.

Dem heiligen Clemens (23. Nov.) traue nicht,
denn selten hat er ein mild Gesicht.

Schafft Katharina (25. Nov.) vor Frost sich Schutz
so watet man lange draußen im Schmutz.

Noch niemals stand ein Mühlenrad
an Konrad (26. Nov.), weil er Wasser hat.

Friert es auf Virgilius (27. Nov.),
im Märzen Kälte kommen muß.

Schau in der Andreasnacht (30. Nov.),
was für Gesicht das Wetter macht:
So wie es ausschaut, glaub's fürwahr,
bringt's gutes oder schlechtes Jahr.

Dezember

Auch Christmond, Julmond, Wintermonat
oder Christmonat genannt.

Ist der Dezember wild mit Regen,
dann hat das nächste Jahr wenig Segen.

Fällt zu Eligius (1. Dez.) ein kalter Wintertag,
die Kälte wohl vier Monate dauern mag.

Bleibt der Winter fern,
so nachwintert's gern.

St. Barbara (4. Dez.) soll Blütenknospen zeigen.

Dezember veränderlich und lind,
der ganze Winter ein Kind.

Kalter Dezember und fruchtbar Jahr
sind vereinigt immerdar.

St. Gerald (5. Dez.),
es wird kalt.

Der Frost soll klirren,
dann macht der Sommer keine Wirren.

Regnet's an St. Nikolaus (6. Dez.),
wird der Winter streng und graus.

Viel Wind und Nebel in Dezembertagen,
schlechten Frühling und schlechtes Jahr ansagen.

St. Nikolaus (6. Dez.)
spült die Ufer aus.

Herrscht im Advent recht strenge Kält',
sie volle achtzehn Wochen hält.

Auf Barbara (4. Dez.) die Sonne weicht,
auf Luzia (13. Dez.) sie wieder herschleicht,
St. Veit (15. Juni) hat den längsten Tag,
Luzia die längste Nacht vermag.

Donnert's im Dezember gar,
bringt viel Wind das nächste Jahr.

Kommt die heilige St. Luzia (13. Dez.),
ist die Kälte auch schon da.

Wie der Dezember,
so der Juni.

Ist St. Lazar (17. Dez.) nackt und bar,
wird ein gelinder Februar.

Sturm im Dezember und Schnee,
dann schreit der Bauer juchhe!

Wenn St. Thomas (21.Dez.) dunkel war,
gibt's ein schönes neues Jahr.

Wie's Wetter zu Adam und Eva (24. Dez.) war,
bleibt's wohl bis zum End vom Jahr.

Ist die Christnacht hell und klar,
folgt ein höchst gesegnet' Jahr.

Ist's zur Weihnacht warm und lind,
kommt zu Ostern Schnee und Wind.

Christkind im Schnee,
Ostern im Klee.

Silvester (23. Dez.) hell und klar,
Glückauf zum Neuen Jahr.